AF344020

ENTRETIENS
PHYSIQUES
D'ARISTE ET *D'EUDOXE,*
OU
PHYSIQUE NOUVELLE
EN DIALOGUES.

Qui renferme précisément ce qui s'est découvert de plus curieux & de plus
utile dans la Nature.

Enrichis de beaucoup de Figures.

Par le Pere REGNAULT, de la Compagnie
de Jésus.

TOME QUATRIEME.

A AMSTERDAM,

Aux DEPENS DE LA COMPAGNIE.
M. DCC. XXXIII.

AVERTISSEMENT.

CE quatriéme Tome des Entretiens Physiques est le fruit des recherches que l'Auteur a faites depuis l'impression de son Ouvrage. Il contient des Changemens, des Eclaircissemens, des Notes, des Observations, des Expériences, des Réflexions, & quelques Planches nouvelles. On a rassemblé ces Additions en un Volume, pour servir de Supplément

AVERTISSEMENT.

aux trois premiers ; on a eu soin
de marquer exactement la page &
la ligne auxquelles chaque Addi-
tion se rapporte ; & l'on y a joint
une Table générale, qui indique
les principales Matieres contenues dans les quatre Volumes.

EN-

SUPPLEMENT

POUR LES

ENTRETIENS

PHYSIQUES.

ADDITIONS & CHANGEMENS,
pour le Premier Tome.

Page 11. l. 19. *fuave.* **M.** Boyle dit (*a*) qu'il avoit une paire de Gands d'Eſpagne, qui depuis 29 ans, parfumoient tout ce qu'ils touchoient.

P. 12. l. 18. *d'eau.* Dix mille grains de la Plante, qu'on nomme Langue-de-Cerf, font à peine la groſſeur d'un grain de Poivre : la Plante produit un million de graines (*b*) ; & chaque graine en contient

(*a*) *De mirâ ſubtilitate effluviorum. c.* 6
(*b*) Grew. Ray. Bib'. des Phil. Tom. I. pag. 44, Tom. II. pag. 417.

Tom. IV.   A

tient un ſi grand nombre qu'elle peut en donner un million ſans s'épuiſer.

P. 20 l. 14. *myſtere;* il prétend (a) que le Monde n'eſt qu'une Scéne d'illuſions; il ne veut rien de matériel, il ne veut qu'un Monde intelligible, que des idées de Corps.

P. 41. l. 5. *yeux.* La coque d'un œuf a ſes pores; car enfin, l'œuf tranſpire, puiſqu'il devient plus léger.

P. 42. l. 2. *imperceptibles.* Des perſonnes ſaines ont tranſpiré l'hiver juſques à 50 onces en 24 heures (b). Après 30 ans d'expériences ſur la tranſpiration, Sanctorius, Medecin Italien, dit qu'ordinairement de huit livres de nourriture, il s'en diſſipe environ cinq par la tranſpiration (c). Ce Medecin prenoit ſes repas dans une chaiſe ſuſpendue en l'air à la hauteur d'un doigt, environ, par un contre-poids, qui la tenoit dans cet état, juſques à ce qu'il eût pris préciſément ſa juſte quantité de nourriture. Le mouvement de cette eſpece de balance, *Fig.* 2.

où

(a) Après M. Bereley. Bibl. des Phil. T. I. p. 243.
(b) Boyle. Journal des Sav. 1685. p. 42. Janv.
(c) La tranſpiration, ſelon Sanctorius, renferme l'expiration, c'eſt-à-dire, cette Vapeur ou cette exhalaiſon chaude, qui ſort de la bouche par intervalles, avec l'air qu'on reſpire. *De Statiâ Medicina.* Journ. des Sav. 1682. Mars. pag 85. 1678. Avril. pag 146.

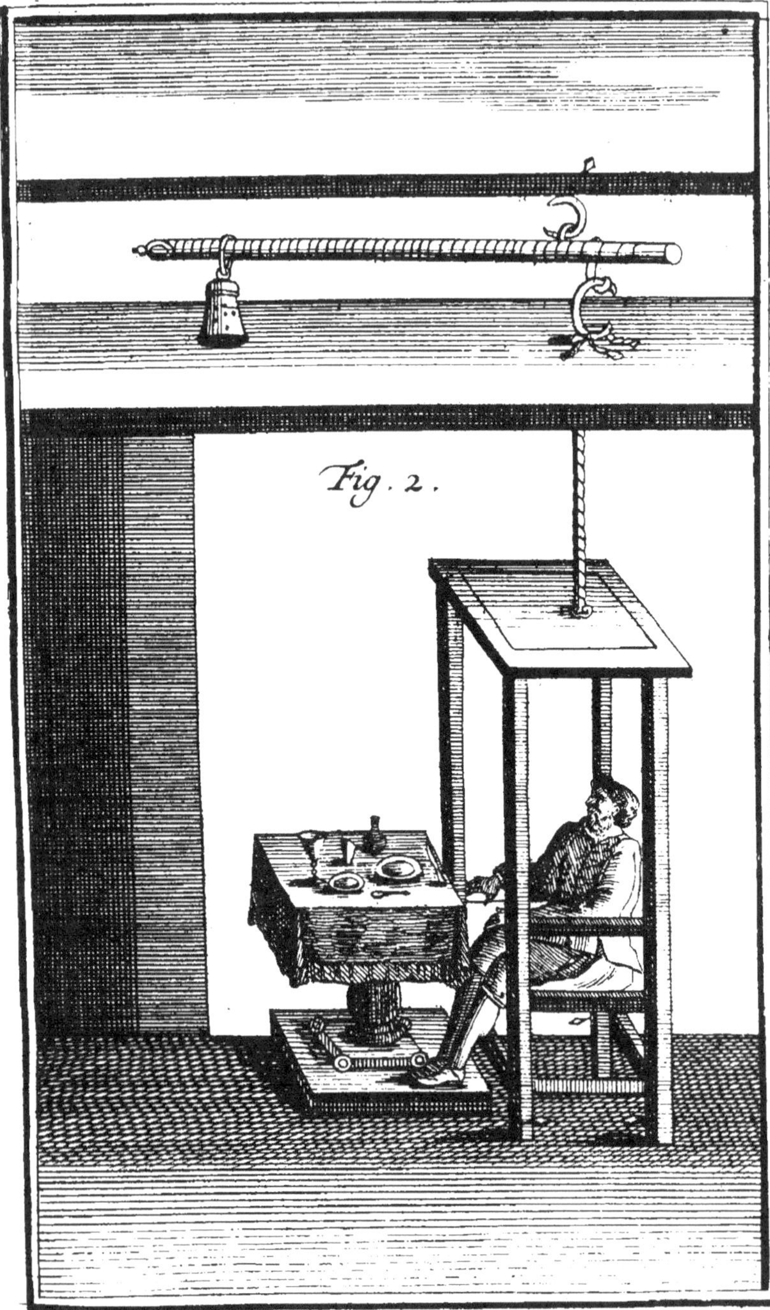

Fig. 2.

où le Medecin, d'une patience inimitable, passa une partie de la vie, lui marquoit exactement combien il avoit perdu de sa substance par la transpiration ; & l'abaissement de la balance étoit le signal, qui l'avertissoit, dès qu'il avoit assez mangé pour reparer cette perte, de quitter la table.

P. 43. l. 18. *l'exhalaison ?* 3. Enfermez du Mercure dans un petit tuyau de cuivre : échauffez un peu le tuyau : le Mercure le traversera comme un crible. Il s'exhale de ce liquide des praticules si subtiles & si pénétrantes, que si on le remue d'une main, elles vont blanchir une piece d'Or dans l'autre main bien fermée. La piece d'Or blanchiroit dans la bouche.

P. 44. l. 24. *mordre ?*

Aussi, mettez dans du Vif-argent un des bouts d'une verge d'Or massif : non-seulement les particules, que le Vif-argent exhale, couvriront toute la surface extérieure de la verge d'Or, mais elles pénétreront, d'un bout à l'autre, l'intérieur de ce Métal précieux. (*a*) Et si le feu dissipe les parties du Mercure dans un lieu fermé, bientôt un vase d'Or les réunira.

Enfin,

(*a*) P. Schott. *Mag. Univ.* Part. I. liv. 4. p. 384. Ozanam Recr. Math. nouv. Edit. Tom. III. 233.

Enfin, l'on mêle du Mercure avec de l'Or, de l'Argent & de l'Etain ; & ces métaux pénétrés de petits corpuſcules s'amolliſſent ; juſqu'à ſe réduire en une pâte, qu'on appelle Amalgame.

P. 49. l. 19. *naturel.*

Ariste. Je vois des pores, Eudoxe; j'en vois dans l'or même, (*a*) dans ce métal ſi ſolide & ſi peſant.

Pag. 83. l. 17. *reciproque* de maſſe & de vîteſſe, ou que le nombre, qui exprime les degrés de vîteſſe du plus petit contient autant de fois les degrés de vîteſſe du plus grand, que le nombre, qui exprime les degrés de maſſe du plus grand, contient de fois les degrés de maſſe du plus petit, ils ont des quantités de mouvement ou de force égales. Si le plus petit, par exemple, a 4 degrés de vîteſſe, & le plus grand, deux; que le plus grand ait 4 degrés de maſſe, & le plus petit, deux: il y a raiſon reciproque, & égale quantité de mouvement. Les deux corps inégaux

P. 123. l. 13. *d'effort.* Le Bateau deſcend-il une Riviere directement? Plus il prend d'eau, plus il va vîte. Un plus grand volume d'eau le pouſſe ; & il a moins d'air à fendre.

P. 126.

(*a*) L'Emery Bibl. des Phil. Tom. I. p. 638.

P. 126. l. dern. *fenfibles*. Ouï, les parties infenfibles ont leur dureté. Sans cela, comment conferveroient-elles des tiffures différentes & propres à former les différentes efpeces de corps? Le moindre effort pourroit altérer les particules, & changer les efpeces. Un fouffle, un rien ôteroit à l'Or & aux Pierreries les plus riches, leurs qualités & leur prix.

Pag. 127. l. 1. 2. *infenfibles* & originales?

P. 127. l. dern. *d'Univers*.

Mais par l'efficace de ce principe, y a-t-il de la dureté parmi les parties infenfibles? Parmi les parties infenfibles & dures, y en a-t-il d'angulaires, inégales, & plus groffieres; de rondes; de fi minces, & fi flexibles, que le moindre effort leur donne une figure nouvelle? Dès-là, l'Univers fe dévoile aux yeux d'un Phyficien, qui fait les loix du mouvement. On peut fuivre la Nature jufques dans fes voyes les plus fecretes; on aperçoit des figures différentes; on voit comment de ces différentes figures la Nature forme le tiffu divers, la configuration diverfe, la dureté des parties fenfibles.

Pag. 128. l. 21. *fenfibles*, & cette varieté conftante qui fait le plaifir des fens.

P. 129. l. 13. *élaftique*. Les Indiens

ont

ont une Gomme d'un reſſort merveilleux. Elle s'étend & ſe retrécit à votre gré. L'on en fait des Anneaux. Ces Anneaux, tout juſtes qu'ils ſont au doigt, deviendront, ſi vous le voulez, des Braſſelets, des Jaretieres, des Colliers, des Ceintures; & ſans rien perdre de leur reſſort, ils redeviendront des Anneaux, qui ſerreront exactement le doigt. Le P. de la Neuville (*a*) a vû un Indien qui faiſoit d'un de ces Anneaux une corde à ſon Arc.

P. 142. l. 2. *autres.*

EUDOXE. Pour moi, je regarde encore les verres comme deux points d'appui; l'endroit du bâton, où tombe le coup, comme les extrêmités des deux rayons; le coup comme la puiſſance appliquée à ces deux extrêmités. Plus elles ſont éloignées des verres ou des points d'appui; plus elles aquierent de force (*b*) pour deſcendre ſous l'impreſſion du coup; de-là vient la ſoudaineté de la deſcente; & c'eſt la fracture. Dans la fracture, non ſeulement les extrêmités, qui ſont plus près des verres, s'élevent, mais elles reçoivent d'autant moins de mouvement & d'impreſſion, qu'elles ſont plus proches

du

(*a*) 3. Let. du P. de la Neuville ſur les Habitans de la Guayanne. Mém. de Trévoux 1723. Mars. p. 536.
(*b*) Entretien VII. p. 91, 92.

du centre de leur mouvement ou du point d'appui.

Enfin, tous

P. 177. l. 18 *Canaries.*

Le Méridien de Paris paſſe, vers le Nord, par Amiens & Dunkerque: vers le Midi, par Bourges, Aurillac, Rhodès, Alby, Carcaſſone, &c. ou proche de ces endroits-là, ſuivant les obſervations faites par l'ordre de Louïs XIV, qui fit meſurer la Terre, marchant encore en ce point ſur les traces de Céſar & d'Alexandre. (*a*)

P. 183. l. 20. *douze fois* 15.

EUDOXE. Ceux qui voyagent les uns vers l'Orient, les autres vers l'Occident, n'ont donc pas les mêmes heures en même tems. Auſſi, les Portugais & les Eſpagnols étant allez aux Philippines, ceux-là par l'Orient, ceux-ci par l'Occident, les Portugais comptoient le Dimanche, que les Eſpagnols n'étoient qu'au Samedi. (*b*) On pourroit trouver trois dattes différentes & vraies du même tems. Je ne ſai même ſi vous ne trouveriez pas

une

(*a*) Alexandre fit meſurer la Terre par Diogenete & Beton; Jules Céſar, par Zénodoxe, Théodote & Policlite; Louïs le Grand par Meſſieurs Picard, Caſſini & de la Hire. Biblioth. des Phil. T. II. p. 356. Acad. des Sciences. De la grandeur & de la figure de la Terre. 1718. p 3.

(*b*) Luyts. *Aſtronomia Inſtitutio.* Ouvrages des Savans, 1689, Mars. p. 51.

une espece de Semaine à trois Jeudis. Du moins, deux personnes nées au même tems pourroient mourir à différentes heures, & avoir également vêcu.

Ariste. Partons de Paris vous & moi, du moins en idée; faisons le tour de la Terre, vous par l'Orient, moi par l'Occident. Lorsque nous aurons parcouru 15 degrés chacun, vous compterez midi, que je compterai 10 heures. Il sera midi, par rapport à vous, une heure plutôt qu'à Paris; une heure plus tard qu'à Paris, par rapport à moi. A 180 degrés, il sera midi, 12 heures plutôt, par rapport à vous; par rapport à moi, 12 heures plus tard. Les 360 degrés achevez, vous aurez le midi 24 heures plutôt; je l'aurai 24 heures plus tard. Vous compterez donc un jour de plus; j'en compterai donc un de moins. Si à notre retour, il est Jeudi, par rapport à Paris; ce sera Vendredi par rapport à vous; Mecredi par rapport à moi. Les uns diront : Il est aujourd'hui Jeudi; vous direz : C'étoit hier; je dirai : C'est demain. Et voilà justement votre espece de Semaine à trois Jeudis. Imaginons deux Curieux de même âge, qui, vers la fin d'un pareil voyage, ayent trouvé la fin de la vie dans le même instant, l'un à 15 degrés du côté de l'Orient; l'au-

tre

tre à 15 degrés du côté de l'Occident. L'un sera mort deux heures avant l'autre, sans mourir plutôt. L'un sera mort à 10 heures, *par exemple*, l'autre à midi. Néanmoins ils seront morts au même tems.

P. 186. l. 24. *nues*. Il falloit des Vallons, des Côteaux, des Montagnes pour varier la surface de la Terre ; mais bien plus, pour y ménager des sources utiles, & pour donner de la pente aux eaux destinées à suppléer à celles que le Ciel nous refuse dans un tems serein. Les eaux n'eussent fait que languir & croupir sur une surface par-tout également élevée. De-là, ces Côteaux formez apparemment, dès la naissance du Monde, par les mains de Dieu même, & qui sont en dedans, comme autant de réservoirs d'eau inépuisables, tandis qu'en dehors, nous les voyons couronnez, la plûpart, de vignes & de raisins ; de-là, ces Montagnes isolées, si propres encore à nous faire sentir la beauté de nos Plaines ; de-là, ces chaînes de Montagnes étendues en divers endroits de l'Orient, vers l'Occident, & du Nord au Midi, comme pour ceindre en même tems & affermir le Globe Terrestre. Les feux soûterrains, dont la violence a fait sortir du sein de la Mer des Isles nouvel-

les,

les, ont fait naître, par le même principe, de nouvelles Montagnes. L'Italie en a vû s'élever tout-à-coup de la Terre tremblante, & les premiers Volcans, les premiers feux que la Terre a vomis, n'ont-ils pas dû répandre autour d'eux des pierres, des foufres, de la terre, & former infenfiblement des Montagnes? Parmi les Montagnes, il y en a de figurées en pyramides, d'autres en colomnes, une même en Champignon. (a) Hé quel Païs n'a pas quelque Montagne diftinguée par fa hauteur, comme la France, le Puy-Dôme, le Mont-d'Or en Auvergne, &c. L'Efpagne, les Pyrenées ; l'Italie, les Alpes, le Mont Vefuve ; l'Ifle de Candie, le Mont Ida ; l'Arabie, le Mont Sinaï ; l'Arménie, le Mont Caucafe ; la Perfe, le Mont Taurus ; les Ifles Canaries, le Pic de Ténériffe ; le Japon, la Montagne de Canaï, &c. Il y a des Montagnes qu'on découvre de la furface de la Mer à la diftance de 60 lieues, environ, comme certaines Montagnes de Canada, le Pic de Ténériffe, le Mont Ida. L'on donne à quelques-unes une demi lieue, au moins, de hauteur perpendiculaire ; à d'autres, trois quarts de lieue. Donnez à quelques-

unes,

_____

(a) Principales merveilles de la Nature, p. 505.

unes, si vous voulez, une lieue. (*a*)

P. 189. l. antep. *très inflammable*. On fait bouillir dans de l'eau la terre, d'où l'on exprime le Soufre. La chaleur les sépare. La terre descend, & le Soufre surnage.

P. 190. l. 24. *couleurs*. Enfin, l'Amérique, l'Afrique, l'Italie, la Transilvanie, la Hongrie, l'Allemagne, la Pologne, la Russie, la Sibérie, la Tartarie, la Perse, & les Indes ont leurs mines de Sel : & ne dit-on pas que l'Isle d'Ormus dans le Golfe Persique, n'est qu'un Rocher de Sel ? (*b*)

P. 191. l. 11. *l'eau*.

On fait l'efficace du Sel pour la conservation des corps. On dit (*c*) que certains Peuples de l'Orient ont l'art de conserver les œufs deux ou 3 ans entiers dans le Sel. On met du Sel dans de l'eau. Quand la Saumure est faite, & que l'œuf surnage, on jette de la cendre dans la

Sau-

(*a*) Le Mont d'Or a 1030. toises; le Mont de Mosset 1250; le Canigou 1440; les plus hautes Montagnes de Suisse 1660; la Montagne de Canaï plus d'une lieue. Bibl. des Phil. T. II. p. 56. 57. 58. Montagne de 3000 pas Géométriques, mesurée par le P. Verbiest, à la Chine. *Ibid.* p. 461.

(*b*) *Hoffman. opusc. Physico-Medica*. Mém. de Trev. Mai 1726. p. 837. Géograph. de Varenne.

(*c*) Tavernier, Journ. des Sav. 1689, Mai p. 109,

Saumure; il fe fait une forte de pâte, dont l'on entoure chaque œuf, qu'on envelope d'une efpece de feuille de choux. Puis, on met les œufs dans de grands pots que l'on couvre bien. Alors, la Matiere fubtile trouve moins d'accès dans les œufs; l'action du reffort de l'air intérieur en eft moins forte; le repos en eft plus durable dans les parties des œufs: de-là, moins d'altération. Par le même principe, on peut conferver dans le Sel rafiné, des Oranges, des fruits envelopez avec du papier.

P. 191. l. 13. *marin.* La Pologne, la Pruffe, la Catalogne, les Indes, ont des Montagnes entieres de Sel Gemme. (*a*)

P. 194. l. 12 & 13. *tonneaux.* Si le fel de Tartre donne plus d'huile, qu'il ne pefe (*b*); c'eft que beaucoup de corpufcules ou d'exhalaifons qui voltigent dans l'air, vont s'attacher au fel qui fe diffout en huile.

P. 200. l. 4. *les chairs.*

Certains fels, qui voltigent dans l'air, & qui s'attachent fur la furface du cuivre, en détachent-ils par leur action quelques particules? C'eft une efpece de rouille,

&

(*a*) Lemery.
(*b*) Bi[illegible]es Phil. T. I p. 431.

& de verd de gris, qui paroît fur le cui‑
vre.

Il fe trouve du cuivre dans le fer, auffi
bien que dans le vitriol. Ce qu'il y a de
certain, c'eft que le vitriol & le fer don‑
nent enfemble beaucoup de cuivre; &
l'opération en eft très curieufe. La voici
telle, à peu près, que je la vis à Villeneu‑
ve‑faint‑George en 1729 : L'opération fe
fait dans une chaudiere. La chaudiere eft
de plomb; parce que le plomb n'attire
pas le Cuivre. On met d'abord de l'eau
dans la chaudiere. On y jette du vitriol
bleu, qui donne au mêlange une couleur
bleue. On allume le feu. L'eau qui prend
la chaleur empêche le plomb de fondre.
Le mêlange s'échaufe & bout l'efpace de
vingt minutes. Pendant ce tems‑là, on
met du fer dans un panier de figure ellip‑
tique, lequel fe ferme & s'ouvre par le
milieu. Le fer eft divifé en lames affez
minces, afin qu'il préfente plus de furfa‑
ce aux fels dont l'eau eft impregnée : l'on
ferme le panier, & avec une poulie on
l'éléve, & on le defcend dans la Chau‑
diere. Bientôt il fe fait un bouillonne‑
ment extraordinaire, caufé fur‑tout par
la raréfaction de l'air qui fe trouve en‑
tre les lames de fer. On laiffe le panier
pendant quinze minutes dans la chau‑

 diere;

diere; puis on le retire avec la poulie.
On ouvre le panier, & l'on voit toutes
les lames couvertes & comme incruftées
d'une matiere métallique, rougeâtre, affez femblable à de la limaille de cuivre
rouge ; les particules cuivreufes, détachées
de la fubftance intime du fer & du vitriol
par l'action de la chaleur & des fels vi-
trioliques, fe font répandues & attachées
fur les côtés des lames de fer. On refer-
me le panier.

Affez proche de la chaudiere eft un
vaiffeau long & profond, plus d'à-moitié
plein d'eau claire. Au-deffus eft une planche large, fituée horifontalement, percée
en deux endroits, où l'on attache le panier par les deux extrêmités de fon plus
long diamétre. Enfuite, on defcend avec
une poulie la planche & le panier ; le panier fe trouve dans l'eau, & la planche
deffus ; avec un levier dont la force communique aux deux extrêmités du panier,
on l'agite violemment. Dans l'agitation,
la pouffiere métallique fe détache des lames de fer, & tombe par les interftices
du panier dans le fond de l'eau. On retire le panier. Le fond du vaiffeau eft couvert d'une couche de pouffiere rouge, &
le fer paroît confidérablement diminué
dans le panier. J'ai vû quantité de lames
presque

prefque rongées. On remet du fer neuf dans le panier, à proportion que le prémier paroît diminué. L'on remet dans la chaudiere du vitriol : j'ai vû cinq ou fix opérations ; c'eft toûjours le même jeu.

Après la derniere opération, l'on vuida l'eau qui couvroit la pouffiere métallique. On mit cette pouffiere dans un baquet, que j'effayai vainement de foûlever.

On fit fondre en ma préfence de la pouffiere métallique dans un creufet à un feu violent. On verfa le Métal rouge & fondu, dans un moule, & l'on tira du moule un lingot d'environ quarante ou quarante-cinq livres. On frapa l'un des côtés de lingot refroidi, avec le tranchant d'un couteau, qui pénétra affez avant ; & la fubftance intérieure du lingot parut d'un fort beau rouge.

Il eft donc évident que le fer & le vitriol donnent dans l'opération un métal réel, un cuivre rouge, dont l'on fait de fort beaux ouvrages que j'ai vûs ; & par cet endroit-là feul, l'opération eft & très curieufe, & très digne d'attention.

Dans le tems de l'opération j'ai vû répandre fur le fer une pincée d'une poudre particuliere ; mais apparemment la poudre répandue fur le fer n'eft pas bien

néceffaire

néceſſaire pour le ſuccès de l'opération. Sans cette poudre myſterieuſe M. Geofroy n'a pas laiſſé de faire du cuivre par une opération aſſez ſemblable. „ J'ai fait „ bouillir dix pintes d'eau dans une Mar- „ mitte de plomb, dit-il; (a) & j'y ai „ jetté 4 livres de vitriol bleu en poudre. „ Quand la diſſolution en a été faite, j'y „ ai plongé un panier d'Oſier, que j'ai „ tenu ſuſpendu dans la liqueur, dans „ lequel j'avois mis 20 onces de Tole de „ fer neuve, coupée par morceaux. A- „ près un quart d'heure d'ébullition & „ de fermentation, j'ai retiré le Panier, „ & j'ai trouvé les morceaux de Tole „ rougis par le cuivre qui s'étoit dépoſé „ deſſus. J'ai plongé ce Panier dans une „ terrine verniſſée, pleine d'eau fraîche : „ en l'agitant, les lames de Fer ont dé- „ poſé dans l'eau une poudre rougeâtre, „ chargée de pailletes de Cuivre, qui „ étoient aſſez peſantes pour ſe précipiter „ au fond de la Terrine. J'ai reporté le „ panier dans la Marmitte; les lames de „ fer ſe ſont rechargées au bout de quel- „ que tems d'un nouveau dépôt de cui- „ vre. J'ai continué de laver ces lames „ dans l'eau fraîche, & de replonger le
„ panier

_____

(a) Mém. de l'Acad. 1728. p. 306.

,, panier dans la Marmitte, jufqu'à ce que
,, la diffolution n'ait plus fourni de Cui-
,, vre..... J'ai fait fécher cette poudre à
,, petit feu ; elle a pefé féche 16 onces,
,, 6 gros. J'ai joint... à cette poudre...
,, 4 liv. de Tartre rouge, que j'avois dé-
,, tonné avec deux livres de falpêtre. Ce
,, mêlange a été jetté peu après dans un
,, Creufet placé dans un fourneau à grand
,, feu de fonte. La Matiere étant bien en
,, fufion, a été jettée en un lingot de pur
,, Cuivre rouge, qui s'eft trouvé pefer
,, 14 onces, 3 gros ; j'ai fait fécher le Fer
,, qui étoit refté dans le Panier..... Et
,, j'ai trouvé qu'il ne pefoit plus que 3.
,, onces, 2 gros.

La bafe de vitriol bleu eft un Cuivre
diffous par un acide. Auffi, le vitriol bleu
diffous dans l'eau, & précipité par un fel
fixe, donne du Cuivre même fans le fecours du fer. (a) Dans l'opération, qui
fe fait dans le fer, l'Acide vitriolique ronge le fer ; & tandis qu'il ronge le Fer, il
dépofe la poudre cuivreufe dont il eft chargé, fans parler de ce que le fer en peut
fournir.

P. 200. l. 18. *l'infini.*

D'ordinaire il y a de l'Argent dans l'E-
tain.

____

(a) Ibid. p. 309.

tain. Quelquefois le Plomb même contient de l'Etain, de l'Argent & de l'Or (*), il fe trouve de l'Or dans le Mercure. Et comme le Plomb fe fond le premier, enfuite l'Etain, puis l'Argent & enfin l'Or, felon la tiffure différente de leurs parties, on peut, par la fonte, avec un robinet au fond du Creufet pour recevoir les matieres à mefure qu'elles fondent, féparer ces Métaux, tirer l'Argent de l'Etain, l'Etain, l'Argent & l'Or même, du Plomb. C'eft faire de l'Or en quelque façon; & c'eft peut-être tout le fecret, à peu près, de la Pierre Philofophale. Pierre Borelli compte dans fa Bibliotheque Chymique environ quatre mille Auteurs qui ont traité du fecret de la Pierre Philofophale, ou du grand-œuvre, c'eft-à-dire, de l'art de changer les métaux en or. Les principaux de ces Auteurs font Seton, le Trevifan, Nicolas Flamel, Bafile Valentin, Nicolas Barnaudus, Geber, Marcel Palingenius, qui fut déterré & brûlé avec fon livre, George Riplée, Lampfpringius, Arnaud de Ville-neuve, Paracelfe, Raymond-Lulle, qu'on fait vivre jufqu'à l'âge de 154 ans par l'efficace de fon Or potable, & que l'on fait mourir enfin

____

(*) Bibl. des Phil. Tom. I. p. 303.

fin pour la Religion en Barbarie, &c. (*a*)

Toutes les parties du Monde ont leurs mines d'Or. Les mines de Hongrie, du Royaume de Siam, de la Chine, du Japon, de l'Ifle de Ceylan, du Chili, du Mexique, du Perou font célébres. On dit que dans un feul Temple du Japon, l'on voit mille ftatuës d'Or maffif. (*b*) Il fe trouve auffi de l'Or en paillettes dans le fable de plufieurs Rivieres. On compte en France dix Rivieres ou Ruiffeaux qni roulent des paillettes d'Or; le Rhin, depuis Strasbourg jufqu'à Philipsbourg; le Rhône, dans le païs de Gex; le Doux, dans la Franche-Comté; la Ceze & le Gardon, dans les Sévénes; l'Ariége dans le païs de Foix, dans l'Evêché de Mirepoix, & aux environs de Pamiers; la Garonne, à quelques lieues de Touloufe; le Salat, dans le Comté de Conferans; les Ruiffeaux du Ferriet & du Benagues vers Pamiers (*c*). Les eaux en traverfant les Mines, fe font chargées de ces paillettes précieufes; & l'on fait les beaux noms que les Poëtes ont donnez à telles Rivieres, à tels Ruiffeaux pour quelques paillettes d'Or.

P. 201.

(*a*) Journal des Sav. Nov. 1703 p 616.
(*b*) Ambaffade des Indes Orientales. Journal des Savans 1680. Mars p. 128.
(*c*) Mém. de l'Acad. 1718. p. 69.

P. 201. l. 24. *cryſtaux*; les Marcaſſi-
tes, ou les terres métalliques; une terre
ingrate, ſans arbres, ſans herbes, ou ne
portant qu'une herbe pâle & ſans couleur.

Ibidem l. 25. *guére*. Ce ſont les effets
naturels d'une chaleur qui travaille inté-
rieurement les métaux.

P. 201. l. 26. 27. *Mines*. La gelée
blanche & la neige ne durent pas ſur les
mines de ſoufre, & ſur les veines des métaux. Il en ſort des exhalaiſons ſéches &
chaudes, qui diſſipent bientôt & la neige
& la gelée.

Ibid. l. penult. *Terre*. (a) On dit qu'en
Allemagne, on a trouvé ſur les miniéres
d'Or, des feuilles de Vignes dorées. Et
ſi vous en croyez un Auteur (b), parmi
ces feuilles, il y en avoit quelques-unes
de pur Or. Des exhalaiſons précieuſes
s'étoient gliſſées dans les tuyaux des feuilles; & s'y étoient arrangées ſelon la tiſſure des fibres, pour en faire des feuilles
d'Or.

P. 203. l. 12. *entre eux*. De-là, tant
de coquillages ſemés par-tout, tant de
dents & d'os d'Eléphans juſques dans les
Contrées du Nord (c); des os de Baleine
trouvez ſous terre.   P. 204.

(a) Mémoires de Trévoux. Sept. 1704. p. 16. 22,
(b) Alexander ab Alexand.
(c) Mém. de l'Acad. 1727. p. 305. 327. 328, &c.

P. 104. l. 2. *Diamant*, que la Nature prend plaisir à travailler, pour ainsi dire, à l'écart, & dans les veines & les fen-
tes des Rochers les plus stériles (*a*). Le
grand Duc de Toscane en a un qui vaut
plus de deux millions; & l'on dit que le
grand Mogol en a un, que l'on estime
environ douze millions.

Ibidem l. 8. *Saphirs.*

Quelquefois, le mortier se change en
pierres, ses parties insensibles perdent de
leur agitation de plus en plus; mais en
particulier par l'évaporation & par la tranfpiration de l'eau & de l'air, dont l'action
intérieure pourroit retarder l'union intime & la ténacité des parties solides. Aussi
voit-on en Angleterre, près de Bristol,
des fortifications qui font devenues un
rocher (*b*).

(*c*) La ténacité du mortier dans les
murs des vieux Châteaux a bien l'air de
venir du même principe, & d'être plutôt
l'effet du tems que d'un secret qui nous
est échapé. L'union intime & la ténacité
du mortier paroît dans la fameuse muraille

(*a*) L'Orient fournit beaucoup de Diamans, fur-tout les Royaumes de Golgonde & de Visapour.

(*b*) Mémoires Littéraires de la Grande Bretagne. Tom. I. p. 130.

(*c*) Mémoires du P. le Comte, Tom. I. Lettre à M. de Furstemberg. p. 163.

le qui enferme une partie du vafte Empire de la Chine. La muraille n'eft pas bien haute; elle eft large de 4 à 5 pieds, au plus. Mais, fi l'on en compte les détours, elle a prefque 500 lieues environ. Elle eft de brique. Les briques font fi bien liées, que l'ouvrage eft encore prefque tout entier depuis plus de 1800 ans, qu'un Empereur de la Chine le fit conftruire pour fervir de Barriere aux Tartares.

P. 204. l. 18. *très belle.*

Les particules détachées des pierres, les grains de fable, les foufres, les fels, ces corpufcules folides qui donnent au bois, & en pénétrant la tiffure & en fe collant fur la furface du bois même, la pefanteur, la confiftance, & la dureté du métal ou des pierres, produifent mille efpeces de Métamorphofes auffi curieufes & plus réelles que celles d'Ovide. Les fucs, les corpufcules pierreux, attachés à la furface de divers corps, ou introduits & enfoncés par l'action de la chaleur, de la Matiere fubtile, du reffort de l'air & de la pefanteur, dans divers corps, & arrangés felon la tiffure qu'ils y trouvent, en font des pierres fous la même figure extérieure. De-là, fouvent dans les Relations des Voyageurs & dans les Mémoires

moires des Savans, ce sont des plantes, des animaux, des hommes mêmes, qui se transforment à nos yeux. Les Coquillages, les poissons changés en pierres sont des spectacles trop ordinaires. (a) On expose à notre imagination tantôt des Serpens sans vie, mématorphosés, immobiles, dont la vûe nous cause encore une frayeur subite; tantôt, des Chevaux endurcis sur leurs quatre pieds, qui semblent respirer encore, avoir encore le feu dans les yeux, & qu'on prendroit pour des sortes de rochers animés ; quelquefois des hommes devenus aussi solides & inaltérables que cette femme célébre de l'Antiquité; quelquefois des arbres, qui portent ou qui porteroient jusqu'aux nues des branches & des feuilles insensibles à l'impression des vents (b) ; des vaisseaux mêmes avec leurs voiles & l'Equipage envelopés & petrifiés dans le sable (c). On dit que l'an 1460, dans le Canton de Berne, en cherchant des métaux, on trouva à cent brasses de profondeur, un navire, & dans le Navire 40 hommes, avec les voiles & les ancres brisés. L'Auteur

(a) Hist. de l'Acad. 1703. p. 23.
(b) Bibliotheque Germanique, Tom. V. p. 110. 111. Bibl. des Philosophes Tom. I. p. 271.
(c) Bibliotheque des Philosophes Tom. II. p. 495.

teur (*a*) affûre qu'il parle fur le rapport de témoins oculaires. Si ces témoins n'étoient pas de faux témoins ou gagés pour dire du merveilleux, apparemment un Gouffre avoit abforbé le Navire, & des canaux foûterrains l'avoient porté fi loin dans les terres pour en faire une pétrification des plus curieufes. Mais une pétrification bien plus étonnante, c'eft celle que rapporte le Pere Kirker, d'un village entier d'Afrique converti en pierre avec tout ce qui s'y trouva, jufqu'aux Habitans mêmes. (*b*) Il falloit, pour un pareil événement, que la terre de cette Contrée eût laiffé fortir une étrange quantité de fel, propre à pénétrer divers corps & à s'y fixer. Le Fait pourroit paroître plus merveilleux, s'il l'étoit moins. Et s'il n'étoit pas trop furprenant pour n'être pas fufpect, on n'auroit plus de peine à croire ce que dit Acofta, d'une Compagnie de Cavaliers Efpagnols changés en pierres.

L'Art imite la Nature dans ces efpeces de Métamorphofes Philofophiques. Mettez un morceau de bois d'Aune dans une chaudiere, où l'on cuit le Houbelon pour

la

___

(*a*) Fulgofe. Les délices de la Suiffe, Tom. I. p. 47. Bibl. des Phil Tom I. p 112.
(*b*) *Mundi Subt.* T. II, l. 8. § 2. p. 50.

la biere. Quand le Houbelon fera cuit, retirez le morceau de bois : enterrez-le fous le fable dans une cave ; & laiffez l'y pendant trois ans. Les particules deliées du fable agitées par l'action de la matiere fubtile, qui traverfe rapidement tous les corps fenfibles, & par le reffort de l'Air mêlé dans les interftices du fable, s'infinueront dans les pores élargis du bois ; elles s'y colleront avec les fucs du Houbelon. Les parties du bois enchaffées & refferrées entre des corpufcules folides qui rempliront fes pores, deviendront immobiles, & feront avec elles un corps très dur. Vous aurez aidé beaucoup à l'opération de la Nature. Et l'on vous promet enfin une pierre de votre façon. (a)

Cela fuppofé, pour avoir des pierres, du Marbre, des Diamans, je ne vois pas une néceffité bien preffante de répandre à pleine main, comme on a fait, dans le fein de la Terre, des femences pierreufes qui fe nourriffent, fe dévelopent, végétent, croiffent de même, à peu près, que la graine de laitue. Ce feroit néanmoins un fpectacle curieux fans doute pour les Philofophes, de voir un jour femer la graine de Marbre & de Diamant, comme
on

(a) Kentman Journal des Sav. 1709. p. 134.

on seme la graine de laitue. On a vû *(a)*
dans un voyage de l'Orient des especes de
bas-reliefs formez dans des gravûres em-
preintes sur la pierre. Mais cette preuve
de végétation pierreuse est-elle assez vraisemblable? telle eau de fontaine *(b)* laisse
dans des Gravûres faites sur le bois, des
sortes de pierres figurées selon les gravûres, & qui paroissent croître dans les gravûres mêmes. Il ne faut donc que des
sucs ou des corpuscules étrangers réunis
par le hazard dans certaines gravûres,
pour offrir à nos sens des végétations
trompeuses & capables d'en imposer aux
plus attentifs, surtout quand on n'est
point en garde contre le charme des Sys-
têmes nouveaux.

P. 205. l. 12. *autres*. Une pierre plus
surprenante, c'est l'Astroïte, ou l'Asteric.
Le vinaigre semble l'animer. Mise dans
le vinaigre, elle s'agite comme d'elle-même. Apparemment le liquide qui la pénétre avec des efforts différens, & à diverses reprises, & l'air qui est forcé de
sortir de même, lui font sentir leur action.
Cette pierre se trouve dans le Tyrol. *(c)*

P. 223.

(a) M. Tournefort.
(b) Hist. des Pierreries p. 694. Bibl. des Phil. Tom. I.
p. 272.
(c) Bibl. des Phil. Tom. I. p 266.

P. 223. l. 23. *l'eſt pas.* Par le même principe, au lieu de Ris & de Jeux,
ſi l'on mettoit ſur de petits vaiſſeaux, de
petites figures d'hommes armés, & que
par-deſſous, on agitât un Aiman auſſi
fort que celui-ci, pour les animer; ce ſe-
roit une ſorte de combat naval.

P. 224. l. 20. *de vuide.*

EUDOXE. Quelquefois, une partie de
l'Aiman eſt plus forte que l'Aiman entier; & en détacher quelque choſe, c'eſt
y ajoûter de nouveaux degrés de force.

ARISTE. Quelquefois l'Aiman contient des matieres de différente eſpece, qui
ne ſont point encore aſſez travaillées, &
qui ne donnant point des paſſages libres
aux rayons de la Matiere Magnétique, ou
les écartant trop, au lieu de les réunir,
affoibliſſent la force de l'Aiman.

P. 225. l. 12. *ces corps.*

EUDOXE. Auſſi, l'Aiman environné
de fil de fer droit en a moins de forces;
parce que les rayons de Matiere Magnétique, leſquels ſuivent la direction de ces
lignes, en ſont moins réunis, ou plus
écartés que dans les armures ordinaires.
Mais, faut-il s'étonner ſi l'Aiman, que
j'approche de la limaille d'Acier, s'en
trouve tout à coup comme hériſſé? Ce
qui me ſurprend, c'eſt que mettant une

B 2 lame

lame de Cuivre entre la limaille & l'Aiman, la limaille s'attache à la lame de
Cuivre, fans que la lame s'attache à l'Aiman.   Je fais glisser l'Aiman fur la furface fupérieure de la lame.... *Fig.* 25. Vous
voyez des filets perpendiculaires de limaille glisser au même tems fur la furface inférieure. Quel charme magique les y tient
attachez par une de leurs extrêmités, &
les fait aller & revenir rapidement, comme au gré de l'Aiman? Le même charme
y fait couler une aiguille fufpendue par
des liens imperceptibles.

P. 226. l. 19. *l'Aiman.*

EUDOXE. Par le même principe encore, l'Aiman produiroit, à peu près, le
même effet au travers de la main. Mais,

P. 237. l. 9. *plus fort.*

Cela fuppofé, 1. Quand on frape l'outil, fes fibres ou fes poils intérieurs prennent une direction d'une extrêmité à l'autre ; & cette direction en donne une femblable à la Matiere Magnétique.

P. 137. l. dern. *l'Aiman.*

EUDOXE. Je prens une tringle, une
barre, une verge de Fer, qui n'eft point
aimantée. Je la tiens dans une fituation
verticale ou perpendiculaire à l'Horifon,
loin de l'Aiman.   Frapons le bout fupérieur, ou plutôt, laiffons-là tomber fur

le

le bout inférieur : non ; je la frape feulement du doigt vers le milieu : la voilà aimantée. (a) Elle n'attiroit point auparavant la limaille de Fer ; elle l'attire.....
Voyez le bout inférieur repoufſer le Nord
de l'Aiguille aimantée , ou l'extrêmité
qui regarde le Nord, & attirer le Sud,
ou l'extrèmité, qui regarde le Sud......
Le bout fupérieur feroit le contraire.

ARISTE. La fecoufſe vient de don-
ner aux petits poils, aux fibres infenfibles
du Fer une direction d'un bout à l'autre
de la barre, une fituation nouvelle. Cette direction, cette fituation nouvelle détermine & facilite le coulement de la Matiere Magnétique d'un bout à l'autre. De-
là, les deux pôles formez tout à coup.

EUDOXE. Le bout qui attire le Sud
de l'Aiguille, je le laiſſe immobile proche de l'Aiguille même. Je fais faire au
bout fupérieur un demi-cercle. Le voilà
donc en bas. Les deux Pôles font changés ; & déja le bout immobile, qui tenoit le Sud de l'Aiguille, le chaſſe à vos
yeux, & fait venir le Nord. (b)

ARISTE. Le Phénomene eſt fingulier. Apparemment les fibres & les particules

(a) Mémoires de l'Académie 1728. p. 356. &c,
(b) Boyle de Mira, Subt. Effluv. c. 3,

ticules infenfibles, qui avoient pris une
direction dans la fecouffe, étoient devenues en même tems affez flexibles, affez
pliantes pour en prendre une contraire
dans le renverfement de la Barre de Fer.
De-là, le coulement de la Matiere Magnétique dans un fens contraire, & deux
Pôles nouveaux.

EUDOXE. Le Pôle qui attire le Sud
de l'Aiguille, & qui regarderoit le Nord,
fi la verge de fer étoit libre, & dans
une fituation Horifontale, a plus de force, puifqu'il attire plus de limaille de
fer, comme je l'ai obfervé plufieurs fois,
& comme vous l'allez voir....

ARISTE. 1. Les fibres ou les poils
affaiffez dans la fecouffe vers le bout inférieur, pourront le rendre plus folide, &
en chaffer l'air. De-là, les pores, les tuyaux en feront plus dégagés, plus libres;
la Matiere Magnétique y coulera donc
avec plus de vîteffe & d'efficace. 2. Le
Nord du corps aimanté peut recevoir du
Nord même, une Matiere Magnétique,
plus abondante, moins affoiblie par la diftance, plus rapide, & qui doit par conféquent produire un effet plus fenfible.

EUDOXE. Chauffez le bout inférieur
d'une verge de fer, qui ne foit point aimantée, mais pofée verticalement: laif-
fez-

fez-là refroidir dans cette fituation : le bout inférieur eft un Pôle conftant, qui attire le Sud de l'Aiguille, fans changer, lorfqu'on renverfe le Fer.

ARISTE. C'eft que la chaleur donne aux fibres, aux poils, aux particules infenfibles du Fer la même direction, la même fituation que la fecouffe, & que le froid, qui fuccede, donne de la confiftance à ces parties, & à la direction, qu'elles ont prife.

P. 240. l. 13. *font pas*? La Nature fe plie, ce femble, en mille manieres, pour échaper à nos recherches.

ARISTE. La chaleur du fer rouge pénétrant l'Outil, empêcheroit-elle les fibres de l'Outil frapé de prendre, dans la fecouffe, une direction propre à laiffer couler la Matiere Magnétique d'un bout à l'autre, & à donner des Pôles à l'Outil?

P. 240. l. 27. *l'Acier*.

EUDOXE. Les parties dérangées, les paffages bouchés interrompent le cours de la Matiere Magnétique. De-là, quelquefois le Fer aimanté perd, fous le marteau, la vertu qu'il a aquife fous le marteau même. Quelquefois, il ne faut que courber, ou redreffer une Aiguille aimantée, pour anéantir la force qu'elle avoit reçue

B 4

de

de l'Aiman. La limaille d'Acier bien preffée dans un tuyau d'Argent, & préfentée à l'Aiman, attire le fer. Vous la verfez hors du tuyau; vous là remettez auffi-tôt : elle a perdu fa force. (*a*)

P. 243. l. 7. *d'Acier*. Par le même principe, dans ces Contrées, un petit Aiman, le plus rond qu'il fe peut, mis fur la furface du vif-argent, ne tourne pas feulement un Pôle vers le Nord & l'autre vers le Midi; mais le Pôle, qui regarde le Nord, baiffe, & l'autre s'éleve. (*b*)

P. 244. l. 15. *matiere*.

(*a*) TA-

(*a*) Le P. Grimaldi. *Physico-Mathesis de lumine* Journ. des S. vans 1666. p. 409.
(*b*) Schots, *Magia Univ.* Part. 4. p. 250.

(a) TABLE

De la

DÉCLINAISON

de l'Aiguille à Paris.

Année.	Deg.	Min.		Année.	Deg.	Min.	
1600	7	0	⎫	1699	7	40	⎫
1610	8	0	⎬ Nord-Est.	1700	7	50	
1640	3	0		1702	8	25	
1650	5 ou 6			1703	8	50	
1666	0	0		1704	9	0	
1667	0	0	⎭	1706	9	45	
				1707	10	0	
1681	2	50	⎫	1708	10	25	Nord-Ouest.
1682	2	30		1709	10	40	
1684	4	10		1710	10	50	
1685	4	10		1712	11	25	
1687	1	0		1715	12	15	
1688	5	12	Nord-Ouest.	1717	12	45	
1690	6	0		1723	13	0	
1692	6	6		1724	13	0	
1693	5	50		1725	13	15	
1694	6	20		1726	13	45	
1695	6	30		puis 13 deg. 50 m.			
1696	6	48		1728	14	0	
1697	7	8		1729	14	15	
1698	7	40	⎭	1730	14	30	⎭

P. 270.

(a) Journal des Sav. Ozanam. Mém. de l'Acad.

P. 270. l. 7. *incliné.*

Enfin, à proportion que les corps feront plus pefants, & qu'ils auront moins de furface, eu égard à leur maffe, tout le refte égal, leur chûte fera plus prompte, & ils fraperont plus vîte ; parce que rencontrant moins d'air dans le même efpace, ils y trouveront moins de réfiftance ; il leur en coutera moins pour vaincre, ils donneront moins de leurs forces, & ils en perdront moins. (*a*) Un Académicien de Londres a pris plufieurs boules ; une de Plomb, une de Verre creufe, une de carton creufe, & une veffie defféchée. La prémiere boule avoit environ deux pouces de Diametre ; la feconde, cinq ; la troifieme, cinq. La prémiere pefoit environ 2 livres ; la feconde 5 onces ; & la troifieme, 2. On laiffa tomber les boules, de la hauteur de 272 pieds. La boule de Plomb tomba en 4 fecondes & demi ; la boule de verre, en 6 ; la boule de carton en 6 & demi ; la veffie, en 17.

P. 272. l. 24. *defcendre.* Eft-il étonnant que le bout du doigt tienne fi long-
tems

(*a*) M. Defaguliers. 30. vol. Des Tranfactions Philofophiques de la Societé Royale de Londres. Mém. Litt. de la Grande Bretagne Tom. VI. p. 288.

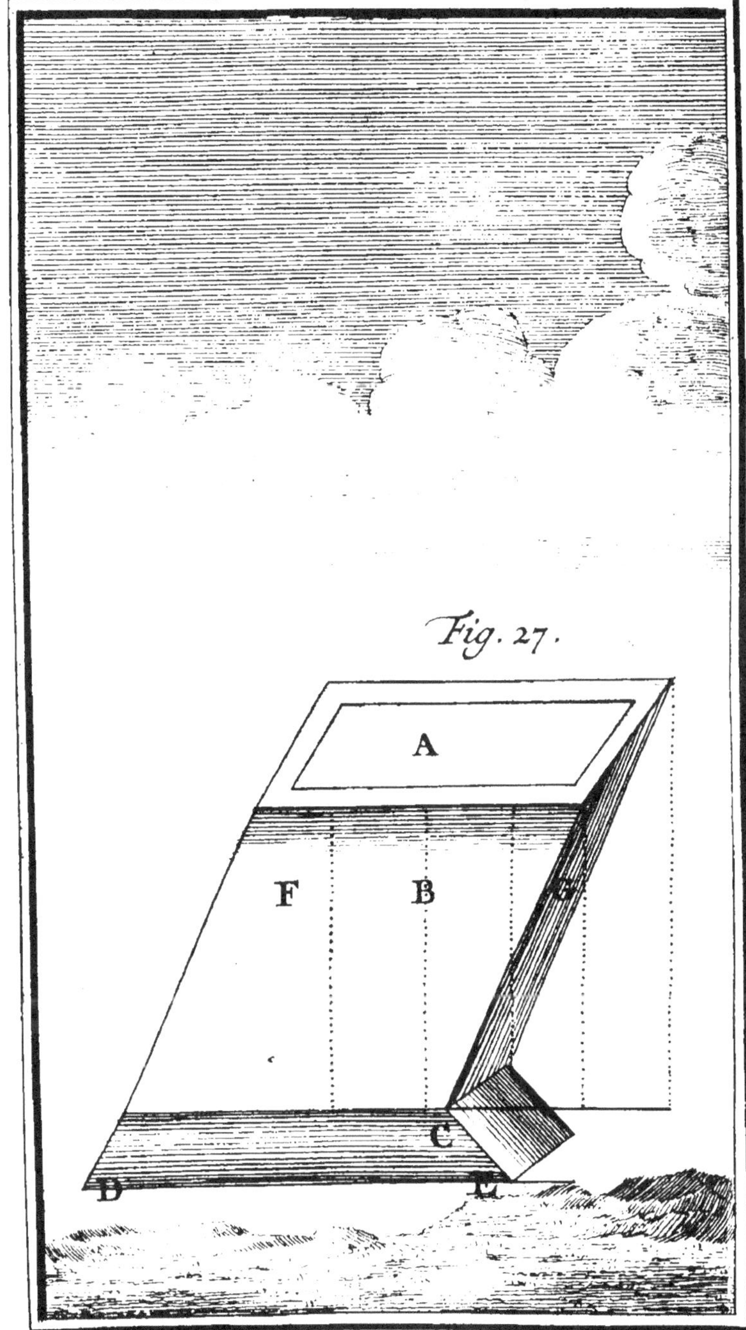
Fig. 27.
A
F
B
G
D
C
E

rems une pique droite & perpendiculaire à l'Horifon? Dès que la partie fupérieure de la pique panche d'un côté, le doigt mobile y porte vîte la partie inférieure & la bâfe de la pique, c'eft faire auffi-tôt repaffer la ligne de direction par la bafe; & le centre de pefanteur fe retrouve auffi-tôt fur un point d'appui.

Pag. 275. l. 25. *direction.* A, B, C. *Fig.* 27.

Bafe C, D, E.

l. 26. *pefanteur* B.

l. 26. *bafe* C.

l. 27. 28. *parties* F, G.

l. dern. *pefanteur.* (*a*)

P. 278. l. penult. *point.*

EUDOXE. Vous voyez, Arifte, fur quels principes les Sauteurs & les Danfeurs de corde font impunément tant de chofes qui furprennent.

ARISTE. Leur Art confifte à favoir empêcher le centre de pefanteur de defcendre,

____

(*a*) L'Egypte fi célèbre par le nombre & la grandeur de fes Pyramides, en voit encore, foit dans le defert, foit à 12 milles environ du grand Caire, une quarantaine elevées fur des bafes proportionnées. Gemelli, qui monta jufqu'au haut de la plus grande, dit qu'elle a cinq cens vingt pieds de hauteur perpendiculaire fur cinq cens quatre vingt-deux de bafe: La Pyramide finit par une Plate-Forme de feize pieds & demi en quarré.

Gemelli, Tour du monde. Mémoires de Trévoux 1721, p. 336.

dre, à le tenir en l'air. Le corps panché d'un côté femble-t'il menacé d'une chûte plus dangereufe encore que ridicule ? Le contrepoids jetté de l'autre côté place le centre de pefanteur fur la corde ou fur un point d'appui qui le foûtient. Souvent les bras étendus, les pieds, les membres du corps différemment fitués fervent de contrepoids. De-là, l'on a vû marcher fans contrepoids fur une corde oblique, & qui tenoit le milieu entre une ligne perpendiculaire & une ligne paralléle à l'Horifon; on a vû monter fur une corde oblique de la furface de la Terre à la cime d'une Tour; on a vû defcendre de la cime d'une Tour fur une corde oblique, fans contrepoids, les bras étendus (a). De-là, l'on fe tient debout, on fe promene, on danfe, on faute fur une corde tendue, on voltige; & tel qui feint une chûte, dont lui feul n'eft point allarmé, fe trouve fufpendu par un doigt du pied, ou par le talon, par le menton ou par le derriere de la tête (b). C'eft le Sceau (c) qui ne peut defcendre.

P. 281. l. 26. *doux.*

ARISTE. Mais la pendule femble
nous

(a) Cardan. l. 17. *de Subtil.*
(b) Schotti *Mag. Univ* *Par.* III. p. 59.
(c) Entretien XVIII. Tom. I p. 278.

nous avertir d'examiner encore pourquoi les fils d'une corde tortillée ne portent plus un si grand poids, qu'avant le tortillement. Cinq fils portent-ils séparément un poids de cinq livres, chacun? La somme est de 25. livres; & la corde faite des 5 fils ne porte que 15 à 20 liv. (*a*)

Eudoxe. L'effort qui se fait dans le tortillement sépare une infinité de particules dans la tissure des fils; & la séparation de ces particules est une diminution de forces.

P. 292. l. 15. *elles*? Il faut, du moins, qu'à une certaine profondeur, l'eau salée de la Mer se trouve étrangement comprimée, pour se faire un accès dans la bouteille par les interstices d'un bouchon couvert & enduit de matieres si compactes.

P. 297. l. 15. *frottemens.* 2 Les parties, qui ont perdu de leur force dans les frottemens à la surface, venant à se mêler avec celle du milieu, retardent leur action. De-là, les tuyaux les plus larges font les meilleurs; l'eau qui les remplit, ayant plus de volume, & par conséquent moins de surface, (*b*) eu égard à la matiere qu'elle

le

(*a*) Hist. de l'Acad. 1711.
(*b*) Entretien XX. Tom. L p. 297.

B 7

le contient, les frottemens qui se font dans
la surface, & qui répondent à la surface,
en font moins considérables. Si au lieu
d'ajutage, l'eau sortoit du milieu d'une
platine mince de cuivre, le frottement de
l'issue seroit fort léger ; & le jet y perdroit moins de sa force.

P. 303. l. 26. *livre.*

ARISTE. Je conçois enfin comment
un peu d'eau soutient dans un vase un
poids assez considérable, d'un diametre,
à-peu-près, égal à celui du vase. Le
poids, qui s'enfonce d'abord, fait monter l'eau. L'eau qui s'éleve entre la surface extérieure du poids, & la surface intérieure du vase, acquiert de la force à
proportion de sa hauteur.

P. 317. l. 12. *douce (a).*
Ibid. l. 15. *pesanteur (b).*
P. 318. l. 5. *Rouen (c).*
Ibid. l. 16. *surnager (d).*

Ces bateaux d'Or font des bateaux en
l'air.

(a) Entretien XX. Tom. I. p. 298 299
(b) L'Air qui soutient 31 pieds.& demi de Vin, ne soutient que 31 pieds d'eau, selon l'experience de Sturmius,
Colleg. Experim. Journal des Savans 1678 p 38.
(c) Le pied cube d'eau douce pese 72 liv. le pied cube
d'eau de Mer 73 liv. 3 quarts L'eau de Mer se trouve
plus pesante vers le Nord, que vers le Midi. B. l. des Phil.
Tom. II p 3 l. 446.
(d) C'est un Pont de bateaux, long de 280 pas, qui monte & descend, selon le flux & le reflux de la Mer,

l'air. Mais enfin s'agit-il de difcerner fi une piece d'Or ou d'Argent eft bonne, ou fauffe ? Attachez fous un Pefe-liqueur, ou bien, fous une efpece de Pefe-liqueur avec des fils de foye ou des crins de cheval, un Louïs d'Or dont la bonté ne foit pas douteufe. Remarquez bien jufqu'où l'inftrument s'enfonce. A la place de ce Louïs d'Or, mettez celui dont la bonté vous eft fufpecte. Si l'inftrument s'enfonce également, le Louïs d'Or eft également bon. Si l'inftrument s'enfonce beaucoup moins, il y a beaucoup d'alliage, puifque le métal pefe beaucoup moins.

P. 322. l. 10. *nage.*

Les animaux nagent naturellement. A peine font-ils nés qu'ils favent nager. Il n'en eft pas de même des hommes. Un enfant fe noye avant que d'être capable de craindre la mort. La fituation du centre de pefanteur contribue à cette différence. Dans les animaux, la tête & la partie antérieure étant d'ordinaire plus légeres que le refte du corps, ils tiennent aifément la tête au-deffus de l'eau pour refpirer. Dans les hommes, la tête & la partie fupérieure, étant plus pefantes, elles s'enfoncent, & l'on perd la refpiration, à moins que l'on ne fache l'Art de tenir la tête hors de l'eau.

P. 322.

P. 322. l. 26. *Ciel?* Que dis-je? Les parcelles du Mercure même nagent malgré leur excès de pefanteur, dans l'efprit de nitre. L'action vive des particules nitreufes l'emporte fur l'excès de pefanteur, qui fe trouve dans celles du Mercure, les éleve, les foûtient, les agite, les déplace, les dirige tantôt vers un endroit, tantôt vers l'autre; les force d'obéir, & les rend auffi dociles au mouvement intérieur du diffolvant, que fi elles faifoient partie du diffolvant même.

P. 326. l. 5. *flottantes*, où l'on voit quelquefois les hommes, les troupeaux, les arbres & les maifons voguer au gré des vents.

EUDOXE. J'aime à voir dans Pline (*a*) de ces Ifles couvertes de grands chênes venir la nuit furprendre & infulter la flote Romaine; & la flotte Romaine allarmée s'agiter, fe donner bien du mouvement, pour fe difpofer à combattre contre des arbres. Le Pere le Comte a vû quelque chofe de femblable. Il dit que lorfqu'il alloit de Siam à la Chine fur un petit vaiffeau Chinois, on aperçut un arbre flottant, que l'on prit de loin pour un Corfaire. Un vent violent l'avoit détaché

ché

(*a*) Ibid. c. 16.

ché de la côte. Les racines chargées de terre & de cailloux, étant plus pesantes que le reste de l'arbre regardoient le centre de la Terre, & par leur excès de pesanteur, & leur direction en embas, elles tenoient l'arbre à plomb dans l'eau, comme le corps du vaisseau tient le mât dans une situation perpendiculaire, comme le Mercure y tient le Pese-liqueur. (a) Vous eussiez cru voir un mât dans le tronc de l'arbre; la vergue & les cordages, dans les branches. Tout l'équipage fut saisi de frayeur; jusqu'à ce qu'ayant vû l'ennemi, chacun regretta de n'avoir plus personne à combattre. (b)

P. 342. l. 27. *Aspirantes.*

Si des Pompes Aspirantes versent l'eau dans des Pompes Foulantes, ou dans des tuyaux, qui portent l'eau poussée par des pistons, on la fera monter aussi haut que l'on voudra. Par le moyen des Pompes Aspirantes & des Pompes Foulantes, qui composent la Machine de Marly, l'eau, qui faisant tourner les roues, éleve & abaisse alternativement les pistons, s'éleve elle-même du milieu de la Seine jusqu'à la hauteur de 62 toises, & franchit les mon-

(a) Mémoires du Pere le Comte Tom. I, Lettre à M. de Pontchartrain.
(b) Entretien XXI. p. 326.

montagnes, pour aller embellir les Jardins de Marly & faire éclater la grandeur d'un Monarque, pour qui l'Art & la Nature réuniffent, comme à l'envi, ce qu'ils ont de merveilleux.

P. 347. l. 20. *Hémifphere ?* Sturmius faifoit l'expérience avec des Hémifpheres qui demandoient, pour les féparer, une force de plus de 16574 livres. (*a*)

EUDOXE. On dit que dans une expérience faite à Leide le 9. Mars 1679, deux plans de deux pouces & un quart de diametre, chacun, fe font trouvés fi bien unis & fi polis, qu'un poids de 580 livres attaché au plan inférieur, n'a pû les féparer ; qu'un poids de 590 livres en eft venu bout. (*b*) Une colonne d'Air de deux pouces & un quart de diametre ne foutient pas, dans les expériences ordinaires, un poids de 580 livres ; il faut que dans une pareille expérience la plénitude y foit pour quelque chofe ; que l'Air ni la matiere fubtile ne puiffent couler entre les plans, ni les pénétrer pour circuler jufqu'à ce que le poids excéde 580 livres.

P. 356. l. penult. *fuccès.*

EUDOXE. Je retire un peu le doigt, fans

(*a*) *Collegii Experimentalis* Pars II. Rép. des Lettres Tom. IV. p. 971.

(*b*) Journal des Savans 1679. Avril p. 107.

fans laiffer entrer l'Air extérieur. La Figure monte. Voyez-vous des milliers de petites boules d'Argent la fuivre, l'environner, l'accompagner? Plus j'éleve le doigt, plus elles groffiffent.

ARISTE. Ce font autant de bulles d'Air, qui fe dégagent & qui fe dilatent de plus en plus, à proportion que vous retirez le doigt, & que l'eau devient plus libre.

EUDOXE. Vous ne les voyez plus.

ARISTE. Le doigt enfoncé tout à coup a comprimé l'eau, & les bulles d'Air refferrées tout à coup font devenues infenfibles.

P. 365. l. 21. *changement.* Par le même principe, un œil de bœuf, du pain tendre, & des fleurs, fe font confervés plus de huit jours, prefque fans altération, au milieu d'une choce enfoncée dans l'eau (*a*).

P. 382. l. 4. *verre.* Permettez-moi d'ajoûter une obfervation, qui s'offre à mon efprit. Le Verre eft une efpece de corps électrique; il attire par le même principe, à peu près, que l'Aiman, comme nous l'avons dit. (*b*) Il fort donc des

inter-

____

(*a*) Ibid. p. 221.
(*b*) Entretien XVI. p. 227.

interſtices oppoſés du tuyau capillaire une ſorte de Matiere Magnétique, une Matiere déliée qui prend la place de l'Air intérieur. De-là, l'Air intérieur qui deſcend ſur la petite colonne d'eau, doit peſer moins, dans les Siphons, & dans les tuyaux capillaires.

P. 391. l. 5. *bois.* (*a*) Deux bâtons de Laurier, de Meurier, ou de Lierre en donneront de même. (*b*) Ces eſpeces de plantes ont apparemment beaucoup de ſels & de ſoufres. Les ſoufres ont dans eux-mêmes une matiere déliée toûjours violemment agitée. L'action des frottemens ſeconde celle de la matiere déliée, qui briſe enfin ſes petites priſons, & porte l'inflammation par-tout.

Auſſi, les corps ont-ils peu de ſoufre? la tiſſure ſerrée de leur ſurface n'eſt-elle point propre à recevoir dans ſes interſtices les corpuſcules ignées? Les corps ſont, pour ainſi dire, inſenſibles ou preſqu'inſenſibles à l'action du Feu. De-là, le Rubis ſoûtient la chaleur du feu juſqu'à cinq jours, & le Diamant juſqu'à neuf. (*c*) De-là, cette Pierre célébre qu'on file, & dont
l'on

(*a*) Journal des Savans p. 268. 1686, 2. Sept.
(*b*) Le Pere Caſat. J. ſur le Feu. Diſſert, VII. Rép. des Lettres Tom. IX. p. 171. Fevrier 1688.
(*c*) Le Pere Caſat Diſſert, V.

l'on fait des cordes & de la toile, des mou-
choirs, des serviettes inacceſſibles à la flamme, ou qui ne font que ſe nettoyer, blanchir & embellir dans la flamme même.
„ J'ai vû des morceaux de cette Pierre à
„ Rome, dit le P. Schott, & une corde
„ incombuſtible faite de la même matie-
„ re. (*a*) J'ai vû du linge qui ne faiſoit
„ que ſortir plus pur du feu.“ (*b*)

P. 392. l. 27. *ſoufre.*

J'ai fait briller la flamme à vos yeux;
peſons-là. La peſanteur de la flamme vous
paroîtra peut-être un paradoxe.

ARISTE. La flamme eſt un amas de
particules groſſieres, mais diviſées, qu'u-
ne matiere plus déliée agite en tous ſens;
ce ſont, par exemple, les particules du
bois emportées violemment de tous côtés.
Or, la peſanteur d'un corps compoſé de

par-

(*a*) *Fruſta vidi Roma, uti & funem ex eo confeſtum, qui
oleo immerſus ardebat tandiu, donec conſumeretur oleum, ipſe
funis verò non conſumebatur, ſed purior quam antea reddebatur.
Megia univerſ. Part. IV. l. II. p. 118.*
(*b*) *Sapiſſimè vidi. Part. I. p. 19.*

Il ſe fait dans les Indes une Toile incombuſtible. On
en a fait l'épreuve en public à Londres. On verſa de l'huil-
le deſſus, pour augmenter la violence du feu. Le morceau de Toile, qui peſoit auparavant 1. once 6. gros &
16. grains, ne ſouffrit dans le feu que la diminution de 6
gros & de 5. grains. On dit que cette Toile étoit faite de
la racine d'un arbre qu'on nomme *Torra* dans les Indes,
Journal d'Anglet. Journ. des Sav. 1685. Sept. p. 337.

particules grossieres n'est pas, ce semble, un paradoxe bien difficile à comprendre, puisque de semblables particules donnent prise aux coups de la matiere subtile, qui tend vers le centre de la Terre. (*a*)

Eudoxe. Mais la flamme s'éleve rapidement.

Ariste. C'est que l'Air, qui pese beaucoup plus que la flamme, la fait monter de la sorte. Ainsi dans une balance, l'excès d'un poids en éleve un autre.

Eudoxe. Vous voulez bien, après un célèbre Anglois, (*b*) que la flamme ait son poids : mais vous n'êtes pas d'humeur, apparemment à reconnoître dans le feu, comme l'ont fait il y a long-tems d'habiles Physiciens, (*c*) le plus pesant des élémens.

Ariste. La flamme est un feu véritable. Croirai-je que la flamme soit le plus pesant des corps? J'ai toûjours vû la flamme d'une bougie tendre & diriger sa pointe vers les Cieux; & j'ai peine à m'imaginer qu'on l'ait jamais vûe chercher, comme d'elle-même, par un excès de pesanteur, le centre de la Terre.

Eudoxe.

(*a*) Entretien XVII. Tom. I. p. 253.
(*b*) *De Flamma Ponderabilitate.*
(*c*) *Differt. Physica de Igne, Auctore Paulo, Casat.* Differt. III. Rép. des Lettres Tom. VIII. p. 1278.

Eudoxe. Après tout, Ariste, la Thuile cuite à la flamme augmente de poids, malgré l'humidité qui s'exhale.

Ariste. Combien de corpuscules ignées, salins, nitreux, ou sulfureux, sortis du corps enflammé, peuvent s'accrocher, perdre leur mouvement, se fixer dans les interstices de la Thuile, & par leur union & leur repos y substituer à l'air & à l'humidité, des molécules plus solides & plus pesantes, que l'air & l'humidité même? Mais enfin pesons la flamme. Faut-il bien du mystere dans votre pensée pour peser la flamme de toute une bougie?

Eudoxe. Pesez d'abord la Bougie avant que de l'allumer, ensuite vous peserez la cendre, ou ce qui pourra rester quand elle sera consumée; & le poids, que vous ne trouverez plus, sera justement le poids de la flamme, qui sera dissipée dans l'air.

P. 395. l. 5. *également.*
La pointe de la flamme a beaucoup de force. Le Verre y fond bien-tôt. Cependant, quelquefois le papier y paroît insensible. J'étends une feuille de papier horizontalement sur la flamme. La pointe de la flamme le touche, l'efleure du moins. C'en seroit assez pour le brûler

en un inftant. Mais je foufle par-deffus, vis-à-vis de la flamme : & la flamme femble refpecter le papier. L'air froid & humide qu'un foufle fort & prompt fait entrer dans les interftices du papier, émouffe, amortit la force de la flamme, & lui ferme l'accès néceffaire pour agir dans ces interftices & déranger par fon action la tiffure du papier.

P. 398. l. 2. *depuis*. Il y a des Salamandres en Europe, comme aux Indes. Les Salamandres d'Europe ont, à peu près, la figure de Lezard. On en trouve & fur la terre & dans l'eau. Ces Infectes aiment les endroits humides & frais. Je ne fai quelle humeur blanche qui s'échape de mille endroits de leurs corps, peut fervir à les conferver dans le feu quelque tems, le tiffu ferré de leur peau doit y être pour quelque chofe : mais rien n'étant à l'épreuve du feu, le Feu les fait périr enfin (a).

P. 400. l. 6. *l'éteindre*.

EUDOXE. Une machine, qui ne renferme pas toutes les manieres d'éteindre le feu dans les incendies, mais qui l'éteint plus furement & plus efficacement, c'eft celle dont vous allez voir la figure. Je l'ai

______

(a) Schott, *Phyf. Cur.* Patt. II. p 70.

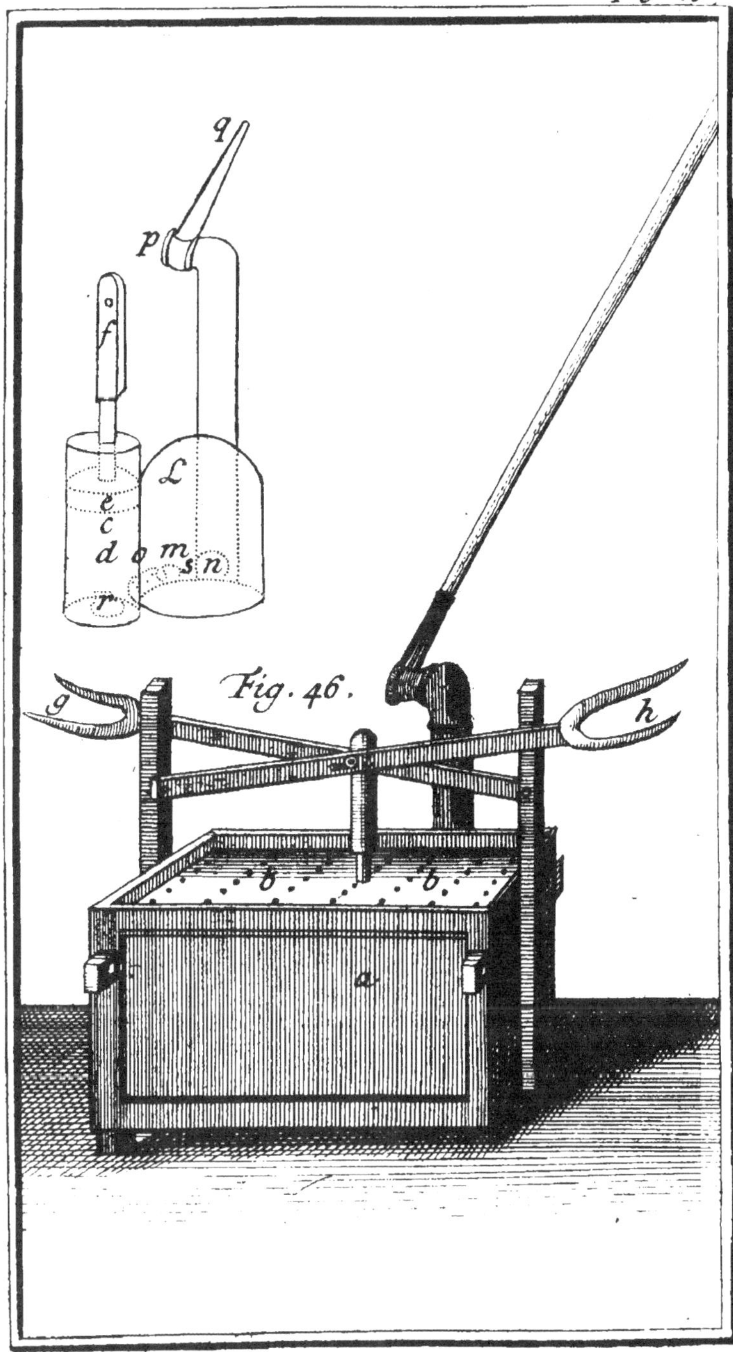
q
p
f
o
L
e
c
d o m
s n
r
g
h
Fig. 46.
b b
a

l’ai deſſinée en petit.. : La voilà *Fig.* 46.
(*a*) l’invention en eſt très belle.

C’eſt un coffre [*a*] de cuivre, qui ſe
tranſporte comme une chaiſe. Le deſſus
[*b*] du coffre eſt percé de pluſieurs trous.
Il y a dans le coffre une pompe [*c d*] qui
a une ſoupape [*r*] en bas, & dont le piſton [*e f*] monte & deſcend par l’action
alternative de deux leviers [*g*] [*h*] à deux
bras, chacun. Le milieu des deux leviers
eſt traverſé par un clou [*i*], qui traverſe
en même tems le Manche du piſton, &
qui coule quand le piſton monte ou deſcend. Proche de la pompe, eſt un vaiſſeau de cuivre [*l m n*] qui communique
avec la pompe par un tuyau [*o*] terminé
par une ſoupape [*s*]. Du vaſe ſort un
autre tuyau [*n p q*]. Ce tuyau ſe plie [*p*],
hors du vaſe, il obéit à la main qui le
dirige, & porte l’eau ſans ceſſe dans tous
les endroits où l’on veut.

A r i s t e. Je comprens, ſi je ne me
trompe, le jeu de la machine. On remplit d’eau le coffre ſans ceſſe par les trous
du plan ſupérieur. La peſanteur de l’air
& de l’eau ſoûleve la ſoupape inférieure
[*r*] & fait entrer l’eau dans le corps de
la pompe au moment que l’on hauſſe le
piſton.

(a) Journ. des Sav. 1675, Dec. p. 266.

Tome IV.   C

piston. Quand on baiſſe le piſton avec toute la force que peuvent donner les leviers, l'eau ferme la ſoupape inférieure [r]; ouvre la ſoupape [s] du tuyau de communication [o], gagne le tuyau [n p q] par le bout d'enbas [n] & s'élance par le bout d'en haut, qui lui donne une iſſue libre. Mais comme la petiteſſe de l'orifice d'en haut n'en laiſſe pas tant ſortir qu'il en vient par en bas, l'eau s'éleve dans la capacité du vaſe [l m n] & y comprime l'Air. L'Air comprimé ſe dilate par l'efficace de ſon reſſort, tandis qu'on leve de nouveau le piſton; & par ſa dilatation, il fait ſortir l'eau, juſques à ce que la deſcente réïterée du piſton puiſſe la faire jaillir, en comprimant de nouveau l'air du vaſe. De-là, la continuité du jet rapide, qui va, où la main le dirige, étouffer l'incendie.

P. 416. l. 4. *la main.*

Par-là, l'on peut juger de la bonté de la poudre. S'enflamme-t-elle ſur la main, ſans la brûler? Elle eſt bonne. Brûle-t'elle la main? Elle eſt mauvaiſe.

On juge ſi la poudre eſt bien faite, par une autre expérience aſſez ſemblable, ſur le même principe. Quand la poudre s'enflamme vîte, ſes forces agiſſent preſque toutes à la fois; l'effet en eſt plus prompt

&

& plus grand : la Poudre eſt donc bonne. Quand elle s'enflamme lentement, une partie de ſes forces agit avant le reſte; l'effet en eſt plus lent & plus foible : la Poudre eſt donc mauvaiſe Cela ſuppoſé, l'on remplit de la Poudre qu'on veut eſſayer, un dé à coudre, que l'on renverſe ſur un papier blanc bien ſec. On touche légérement le petit tas de Poudre avec un charbon ardent. Si la Poudre enflammée ne laiſſe d'autre impreſſion ſur le papier, qu'une tache couleur de Gris de Perle, elle eſt excellente. Elle s'enflamme promtement; & l'inflammation générale & prompte la rend auſſi-tôt plus légére que l'air; l'air la ſoûleve tout d'un coup, elle n'a pas le tems de faire ſentir au papier ſon action. Si la poudre enflammée brûle le papier, elle eſt mauvaiſe. Elle s'enflamme lentement. L'inflammation lente ne lui ôte point aſſez vîte ſon excès de peſanteur ſur l'air; elle a le tems de faire ſentir au papier ſon action. Les effets moyens ſur le papier marquent divers degrés d'imperfection ou de bonté dans la poudre; le noir, *par exemple*, dit trop de charbon; le jaune, trop de ſoufre; des grains qui ne s'enflamment pas, du ſalpêtre mal rafiné.

P. 424. l. 6. *ſalpêtre.* Une partie de
C 2
Poudre

Poudre fine, & subtilement pulvérisée, deux de soufre, avec quatre de salpêtre donnent un mêlange humide en forme de pâte, qui fournit de ces petites boules, que l'on peut rouler dans de la poudre à canon pulvérisée, pour leur servir d'amorce. Un mêlange sec, de la grosseur d'une muscade, dans du papier, bien lié, percé de part en part pour y passer de l'étoupe, qui serve d'amorce, c'est encore une petite boule qui-promet une belle Etoile.

P. 424. l. dern. *Créateur.*

S'agit-il de varier le feu des Fusées, pour varier des plaisirs innocens? La limaille de fer mêlée dans la composition avec du verre pulvérisé, donnera de la force au feu pour fraper la matiere éthérée, pour vaincre la résistance de l'air : ce sera donc un feu clair, une grande & brillante queue de flamme. Par une raison contraire, le mêlange de la poix noire ne fera vomir qu'un feu sombre & lugubre. Le Camphre donne à la flamme une couleur blanche, mais pâle ; la raclure d'Yvoire, une couleur blanche, & luisante ; l'Antimoine cru, une couleur rousse ; le Soufre, une couleur bleuâtre ; le Sel Armoniac & le Verd de Gris, une couleur verdâtre ; la rapure d'Ambre, une couleur

leur citrine. Nous découvrirons un jour, en parlant des couleurs, l'origine de ces différentes couleurs, avec plus de plaifir encore que nous n'en avons à les voir la nuit même.

ARISTE. Varions, Eudoxe, la direction de nos Fufées. Voyons-en une aller toûjours paralléle à l'Horifon, & revenir d'elle-même fur fes pas.

EUDOXE. Hé bien, imaginons un Cartouche, un Tuyau de Fufée, les deux extrêmités ouvertes, une petite rotule, un petit plan de bois rond au milieu; près de la rotule, un trou; ce trou donne dans un petit canal qui fe termine à un bout de la Fufée. Par un bout j'emplis du mêlange ordinaire la moitié du Cartouche, jufqu'à la rotule. Par l'autre bout, j'emplis de même l'autre moitié. J'emplis de poudre battue le petit canal qui vient fe terminer à ce bout. Voilà la Fufée chargée. Attachons-y maintenant deux anneaux de fer, ou plutôt un tuyau de bois. Paffons une corde au travers du tuyau de bois. Tendons la corde horizontalement. Tout eft bien-tôt prêt en idée. La Fufée eft préparée; faites-la jouer.

ARISTE. Je mets le feu par le premier bout. Le reffort de l'air intérieur, dont l'action en tous fens fait fortir libre-

ment

ment par cette extrêmité la matiere enflammée, poufle violemment la Fufée
vers l'autre extrêmité qui réfifte. La Fufée part comme celles qui s'élevent. La
corde horizontale la dirige parallélement
à l'Horizon. Quel efpace déja parcouru !
Quelle rapidité ! La matiere inflammable
eft confumée jufqu'à la rotule, ou jufqu'au petit plan de bois. Le feu gagne
par le petit canal l'autre bout, qui s'allume. L'action de l'air intérieur fe fait
fentir vers la rotule, qui réfifte. La Fufée cede & recule; & docile, elle revient
rapidement fur fes pas, avec des applau-
diffemens auffi prompts que fon retour.

Par le même fecret, l'Art feroit voler,
comme il a fait, des Oifeaux, des Pigeons,
des Aigles, des Anges mêmes de fa façon (*a*). Mais j'aime furtout à voir une
Fufée qui s'enfonce & furnage, à différentes reprifes, vomiffant la flamme du
milieu des eaux, & des milliers de Serpens ignées.

EUDOXE. Une Fufée, qui s'enfonce
& furnage, eft plus pefante, d'elle-même, que l'eau ; mais elle eft inégalement
chargée. D'efpace en efpace, ce n'eft
qu'un peu de poudre pilée. De-là, l'in-
flam-

(*a*) Schott. *Mag. Univ.* P. IV. l. II. p. 204.

flammation eft inégale, tantôt plus petite, tantôt plus grande. Au moment que l'inflammation eft petite, la raréfaction eft petite, & l'excès de pefanteur fait defcendre le Cartouche ; la Fufée s'enfonce, & tout fon éclat s'évanouït. Bien-tôt l'inflammation croît ; l'excès de raréfaction fait avec le corps de la Fufée, un volume plus léger qu'un égal volume d'eau ; la Fufée furnage avec tout fon éclat : & s'il y a dans le fond d'une grande Fufée un grand nombre de petits pétards, qui prennent feu par enbas, l'inflammation les fait jaillir en l'air comme les autres Fufées ; & c'eft dans l'air une efpece de combat de Serpens ignées, dont les plis, les replis, les élancemens & le bruit font un fpectacle fort agréable, où le reffort & la réfiftance inégale de l'air ont beaucoup de part.

FIN des Additions pour le I. Tome.

SUPPLEMENT
POUR LES
ENTRETIENS
PHYSIQUES.

ADDITIONS & CHANGEMENS,
pour le Second Tome.

Pag. 6. l. 21. & 22 *fondre.* UNe bale de plomb bien ronde, bien envelopée dans du papier sans ride, autant qu'il se peut, & mise sur la flamme d'une lampe, se fond, & tombe goute à goute par un petit trou qui se fait au papier, sans que le papier brûle (*a*). L'action de la chaleur,

(*a*) Ozanam, Recr. Mathem, Nouv, Edition, Tom. III, p. 103,

leur, qui paſſe librement par les larges interſtices du papier dont les parties ſont entrelaſſées, n'y fait nulle violence; mais trouvant des obſtacles dans les parties du plomb ferrées, & non enchaînées, elle s'y fait ſentir, & fond le plomb tandis qu'elle épargne le papier.

P. 7. l. 4. & 5. *ligne*. De-là, le chaud, comme le froid altére la longueur d'un pendule, & cauſe quelque différence dans les mouvemens d'une Horloge (*a*). Prenez deux pieces de marbre égales, expoſez-les à l'air aſſez long-tems au fort de l'hiver. Puis, trempez dans de l'eau chaude l'une des deux pieces, juſques à ce qu'on ne puiſſe tenir la langue deſſus. Appliquez-les enfin l'une contre l'autre. Plus d'égalité, il y aura dans le marbre échauffé quelque excès de grandeur.

P. 10. l. 23. *fondu*.

ARISTE. Je ne vois point aſſez dans votre principe, Eudoxe, la raiſon d'un Fait, qui n'eſt peut-être pas bien intéreſſant; mais qui me rejouït. On perce de part en part avec une petite broche de bois, *par exemple*, de Coudrier ou de Noi-

___

(*a*) 30. Volume des Mem. Philoſophiques de la Societé Royale de Londres. Mem. Literaires de la Grande Bretagne. Tom. VIII. p. 345.

Noiſetier, un petit morceau de chair, un Roitelet, un petit oiſeau, le plus rond qu'il ſe peut. On met la broche devant le feu ſur deux appuis qui ſoient bien polis; & la broche tourne comme d'elle-même, juſqu'à ce que le petit oiſeau ſoit rôti (a). Quelle cauſe ſupplée au Tourne-broche?

EUDOXE. La chaleur apparemment & la peſanteur. La chaleur dilate & ra-réfie dans la broche & dans le petit oi-ſeau, les côtés qui regardent le feu; par la raréfaction elle en exprime, elle en diſ-ſipe des particules. Les côtés directement oppoſés étant moins dilatés, ayant moins perdu de leur ſubſtance, ils ont plus de peſanteur, & ſont ſoûtenus par un moin-dre volume d'Air inférieur. Cet excès de peſanteur doit les faire deſcendre. Ils ne ſauroient deſcendre ſans forcer la broche & le petit oiſeau de préſenter au feu d'au-tres côtés, ou la chaleur doit produire le même effet, tandis qu'un excès de peſan-teur doit produire le même effet dans les côtés oppoſés directement. Le même jeu continuera pour les mêmes raiſons. Une expérience de la même eſpece appuye ma penſée.

(a) Le P Kirker & le P. Schott ont fait l'expérience. *Mag. Univ.* Part. IV. l. 4. p. 428. Mr. Gautier en a fait une pareille. *Bibl. des Phil.*

penſée. Une poire de Virgoulée, qui peſoit trois onces, traverſée (*a*) d'une petite broche de bois bien ronde, a fait dix tours en 5 heures. La partie la plus deſſéchée & la plus légére montoit. Celle, qui l'étoit moins, deſcendoit. Vous voyez le Tourne-broche inviſible.

P. 15. l. 3. *froid*

2. Les mains & le viſage ſont moins ſenſibles au froid & aux différentes impreſſions de l'air & de la ſaiſon. La ſurface du viſage & des mains étant plus endurcie, plus reſſerrée, plus compacte, ou plus ſolide, elle eſt moins ſuſceptible d'altération.

3. Quand on ſe baigne, l'agitation du ſang, des eſprits, & des parties inſenſibles du corps ſe communique à celles de l'eau. D'où vient que le bain rafraîchit.

P. 15. l. antep. *ſels*. Rempliſſez d'eau tiede une phiole ; que le col de la phiole ſoit un peu étroit ; bouchez-la bien ; couvrez-la de neige mêlée de Salpêtre & de Sel commun. L'eau tiede, qui ſera bientôt paſſer ſon mouvement dans les ſels, & dans la neige, le perdra bien-tôt, & ſe glacera d'autant plus aiſement, qu'elle a moins d'air. Vous aurez fait de la glace plus vîte que l'hiver même, & juſques dans une chambre bien chaude.

C 6

Par

(*a*) Bibl. des Philoſ. Tom. II. p. 150.

Par le même principe, mêlez une demi-once d'Iris de Florence, deux onces de Salpêtre rafiné, de l'eau bouillante, dans une bouteille de terre: bouchez la bouteille: defcendez-la vîte jufques dans l'eau froide d'un puits profond ; & dans deux ou trois heures, l'eau bouillante fera de la glace (*a*).

P. 16. l. 17. *l'Eté.*

Pulvérifez féparément une livre de Sel Armoniac, & une livre de Sublimé corrofif: mêlez les deux poudres exactement: mettez le mélange dans un matras; verfez trois chopines de Vinaigre diftilé pardeffus; agitez bien le tout. Le mélange fe refroidira tellement, qu'en Eté même vous auriez de la peine à tenir le vaiffeau dans la main. Le mélange fait en grande quantité s'eft gelé quelquefois entre les mains de Mr. Hombert (*b*).

P. 22. l. penult. *endroit.* De-là, prenez une phiole à long col; empliffez-la d'eau jufques à une certaine hauteur du col; marquez la hauteur: expofez la phiole à la glace. Vous obferverez que l'air dilaté dans le froid aura fait monter l'eau.

P. 29.

(*a*) Ozanam. Recr. Math. Tom. III. nouvelle Edition p. 126. 127.
(*b*) Hift. de l'Acad. 1700 Journal des Savans 1703. p. 454.

P. 29. l. 15. *étrange*. On a vû de ces Montagnes flottantes, longues d'une à deux lieues.

P. 37. l. 21. *bouche*.

Le Thermometre décide (*a*) encore qu'en Hyver le degré de chaleur est plus grand sous l'eau, que dans l'air; & que le degré de chaleur, au contraire, est plus grand en Eté dans l'air, que sous l'eau. C'est-à-dire, qu'en Hyver les chaleurs soûterraines l'emportent sur celles qui viennent du Soleil; & qu'en Eté les chaleurs qui viennent du Soleil, l'emportent sur les chaleurs soûterraines.

P. 38. l. dern. *faifon*.

C'est par le même principe, qu'ordinairement la grande chaleur du jour arrive à trois heures, environ, après midi.

P. 40. l. 4. *Torride*.

EUDOXE. Quand le Soleil est proche du Tropique, il y cause plus de chaleur, qu'il n'en produit sous la ligne, quand il s'y trouve. Cela n'est pas étonnant. Le Soleil passe & repasse en peu de tems vers le Tropique (*b*); & il ne le fait qu'en six mois sous la ligne. Pour la différence du Froid ou du Chaud qui regne dans les mêmes Saisons en différentes années, je

l'at-

______
(*a*) Hist. Acad. an. 1710.
(*b*) Tom. I. Entretien XIII. p. 174.

l'attribue aux différentes exhalaiſons de la Terre, qui reçoivent dans leurs particules & qui prennent plus ou moins, de notre chaleur naturelle; aux vents différens, qui nous apportent plus ou moins de corpuſcules chauds ou glacés, & aux nuages qui nous dérobent, plus ou moins, les rayons du Soleil.

P. 41. l. 2. *deſcendre* (*a*).

P. 41. l. 8. *Thermometre*.

EUDOXE. Quelquefois la dilatation, & le reſſerrement du verre même dans la chaleur & dans le froid font voir des Phénomenes de cette eſpece. Car enfin, la chaleur dilate le verre, & le froid le reſſerre. Bandez un arc de verre avec une petite corde. Echauffez l'arc: la corde en ſera plus tendue, & le ſon de la corde plus aigu. Au contraire le froid racourcit l'arc; la corde ſe relâche, & le ſon en eſt plus grave (*b*).

Cela

(*a*) C'eſt apparemment par le même principe, à peu près, que le feu produit de la glace: Mettez de la neige dans un plat avec un peu de ſel: au milieu de cette neige enfoncez une phiole pleine d'eau. Mettez ſous le plat un réchaud plein de feu: c'eſt le moyen de faire geler promptement l'eau. On a obſervé que la neige ſe reſſerre avant que de fondre. Lorſque le premier ſentiment de chaleur amollit les fibres, les parties s'affaiſſent. N'eſt ce pas ce reſſerrement qui la rend plus froide?

Journal des Sav. 1703. Juillet, p. 454. Hiſt. Acad. 1689. S. 5. c. 1.

(*b*) Le P. Fabri, Tom. I, Préf.

Cela supposé, je prens une petite phiole convexe en dehors, dont le col est long, mais étroit ; je l'emplis d'eau jusqu'à une certaine hauteur du col. Je plonge la phiole dans de l'eau chaude. A l'instant l'eau de la phiole descend. Pourquoi ? C'est que la phiole dilatée en dehors par la chaleur a plus de capacité, plus d'étendue intérieure. Si j'enfonce la même phiole dans de l'eau froide, *par exemple*, dans de l'eau de neige, l'eau de la phiole monte aussi-tôt ; pourquoi ? c'est que la phiole étant resserrée tout à coup par le froid, son étendue intérieure se retrécit. La phiole est-elle convexe en dedans ? L'eau qu'elle contient, monte d'abord dans l'eau chaude, parce que la surface intérieure étant dilatée en dedans par la chaleur, l'eau de la phiole y a moins d'espace. Au contraire, l'eau de la phiole descend dans l'eau froide ; parce que la surface intérieure & convexe de la phiole venant à se resserrer, elle s'éloigne du centre de la phiole, & laisse un plus grand espace à l'eau, qui descend pour l'occuper.

Enfin, comme le chaud semble produire le froid, le froid semble produire le chaud. Quelquefois un vent du Midi, qui succede à un vent de Nord, fait bail-

ler

fer le Thermometre d'abord, & le fait
monter enfuite, s'il continue; quelquefois, un vent de Nord, qui fuccede à
un vent de Midi, fait monter le Thermometre d'abord, & le fait baiffer enfuite, s'il continue. Pourquoi? Quelquefois,
le commencement du vent de Midi n'eft
proprement qu'un vent de Nord froid,
qui reflue, refléchi par un vent de Midi
réel. De-là, le Thermometre, qui fent
le froid d'abord, baiffe: mais le vent de
Midi réel, qui eft chaud, fe fait fentir
enfin; & le Thermometre, qui a baiffé,
monte. Quelquefois, le commencement
du vent de Nord n'eft proprement qu'un
vent de Midi chaud, qui reflue, refléchi
par un vent de Nord réel. De-là, le Thermometre qui fent le chaud d'abord,
monte. Mais enfin, le vent de Nord
réel, qui eft froid, fe fait fentir; & le
Thermometre, qui a monté, baiffe (a).
P. 47.

(a) J'ai caffé la phiole d'un Thermometre de Florence,
où la liqueur etoit fort haute. Il eft refté dans le tuyau
beaucoup de liqueur fufpendue à une certaine diftance de
l'orifice inferieur. J'ai bouché l'extrêmité ouverte. Et c'eft
encore un Thermometre. La liqueur y marque encore les
divers degrés du froid & du chaud; mais en fens contraire. La liqueur defcend dans le chaud, & elle montoit;
elle monte dans le froid, & elle defcendoit. Apparemment l'Air atterué qui fe trouve au deffus de la liqueur,
fe dilate plus dans le chaud, & fe refferre plus dans le
froid, que l'Air plus denfe, qui fe trouve au deffous. Plus
dilate par le chaud, il pouffe la liqueur en embas, & la
fait defcendre; plus refferré par le froid, il laiffe monter
la liqueur pouffee en en-haut par le ... ffort de l'Air inferieur.

P. 47. l. 23. *Alkali.* Si la Matiere subtile, qui, avant le mélange, paſſoit librement par les pores des Alkali, ſe trouve arrêtée dans les mêmes pores par les pointes enfoncées des Acides, elle réunit ſes forces pour ſe faire jour à travers les obſtacles ; elle frape, elle dérange, elle diſſipe, juſqu'à ce qu'elle ait des paſſages libres dans toute la maſſe de la liqueur.

P. 53. l. 24. *ſnſible.*

EUDOXE. L'eſprit de Nitre avec l'Etain produiroit, à peu près, le même effet, par le même principe.

P. 54. l. 17. *défaillance...?..* Enfin, ce n'eſt plus eſferveſcence, ébullition ; ce n'eſt plus ni fumée, ni feu ; c'eſt une coagulation.

P. 54. l. dern. *ſubtile.*

EUDOXE. Le Tartre & l'Alun fourniſſent deux liqueurs, dont le mélange formeroit une eſpece de craye ſéche & dure (a). Mais

P. 57. l. 19. *touffus.* Faites diſſoudre de l'Argent dans de l'Eau-forte, dit le P. Kirker : tandis que ce qu'il y a de plus délié dans la diſſolution, s'évapore, il ſe fait dans le fond du vaſe un Sédiment. Sur le Sédiment verſez de l'eau bien pure :

____

(a) Bibl. des Phil. Tom. II. p. 53.

re : agitez le vaſe rapidement, afin que le Sédiment & l'eau ſe mêlent le plus qu'il ſera poſſible. Enſuite, verſez doucement le mêlange dans un autre vaiſſeau de ver- re ; ajoûtez au mêlange autant de Mer- cure, qu'il y a d'Argent diſſous ; & les particules d'Argent s'attachant au Mer- cure formeront des branchages, & une ſorte d'arbre touffu (*a*).

P. 66. l. 5. *l'Eau-Régale*. On mêle dans un matras ſur du ſable chaud de la limaille d'Or fin, & trois fois auſſi pe- ſant d'Eau-Régale. La diſſolution faite, on la met dans un verre avec ſix fois au- tant d'eau commune. L'on jette goute à goute ſur ce mêlange, de l'Huile de Tar- tre, ou de l'eſprit de Sel Armoniac, juſ- qu'à ce que l'ébullition ceſſe. La diſſo- lution repoſe long-tems. La Poudre d'Or ſe précipite. On verſe doucement l'eau

qui

(*a*) „ J'ai diſſous de l'Argent dans de bonne eau forte,
„ ſur un feu médiocre, dit un Auteur (*) ; enſuite j'ai verſé
„ ſur la diſſolution tiéde un peu d'eau de Fontaine ; j'y ai
„ ajoûté, ſans différer, du Mercure ; & bien-tôt ç'a été
„ un arbre d'une grandeur extraordinaire, qui occupoit tou-
„ te la capacité du verre.

„ Dans de l'eau forte tirée du Salpêtre & de l'Alun, fai-
„ tes diſſoudre ſur le feu, de l'Argent avec du cuivre. Ver-
„ ſez ſur la diſſolution de l'eau de pluye froide ; jettez-y
„ du Mercure auſſi-tôt : & bien-tôt vous verrez croître
„ dans le fond du vaſe une Forêt verte & portative.

* Eraſm. Bartholin. *In tract. de fig. novis* pag. 24. *Phyſ. Cur.* Par. II. p. 1369; 1370.

qui furnage. Et après avoir lavé la Poudre d'Or avec de l'eau tiede, à plufieurs reprifes, on la fait fécher, cette Poudre, à une chaleur lente, dans un entonnoir garni de papier qui boit l'humidité.

P. 68. l. 25. *fpectacle.* L'Huile de Saflafras, & l'Efprit de Nitre donneroient une flamme rouge; mais il ne s'agit point ici de ce mélange.

P. 69. l. 22. *tout à coup.* La flamme s'élevera fort haut; & ce ne fera point une flamme paflagére, ou d'un inftant.

P. 69. l. dern. *chargée.*

Mais verfons plutôt une demi-once d'eau forte fur autant, à peu près, d'huile de Gaïac..... Vous voyez un corps fpongieux, d'un pied de hauteur, s'élever en un inftant, & naître tout à coup au milieu d'une large & brillante flamme....' Quelquefois à peine a-t-il commencé de paroître, qu'il a deux pieds de haut?

Ariste. L'Air intérieur, qui fe raréfie étrangement dans l'huile de Gaïac par la violence de la fermentation, étendant les parties vifqueufes, qui l'envelopent, produit apparemment ce Phénomene fubit, ce Champignon Philofophique. Mais

P. 73. l. 24. *Etna.*

Apparemment, ce font-là les fources
de

de ces Feux, qui, jufques dans les Climats glacés des Lapons (*a*), s'élancent du fein de la Terre, &, pour ainfi dire, du milieu de la glace.

P. 74. l. 5. *fois.*

Ariste. Mais, Eudoxe, vous ne parlez ni de Feu central, ni de Réfervoirs de Feu. J'aime cependant à imaginer dans le centre de la Terre un Feu immenfe; j'aime à voir en idée des Réfervoirs de Feu difperfés dans la Terre, comme autant de fourneaux d'Alembic, pour répandre par-tout une chaleur capable d'animer la Terre, de former les Minéraux & les Métaux, & de contribuer au dévelopement des Plantes. En effet, il y a des chaleurs foûterraines; on n'en doute point. Et ne dit-on pas (*b*) qu'un Curieux (*c*) étant defcendu dans une mine d'Or en Hongrie, au Mois de Juillet, trouva la Terre froide jufqu'à la profondeur de 480 pieds; mais que pénétrant plus avant, il fentit le froid diminuer, & une violente chaleur fucceder au froid? Un autre Curieux, ce me femble, dit que dans une mine d'Argent de 1500 coudées, il fentit une chaleur exceffive,

qui

(*a*) Bibl. des Phil. Tom. II. p. 446.
(*b*) Le P. Cafati.
(*c*) J. B. Mora, Bibl. des Phil. Tom. I. p. 294.

qui produiſoit des exhalaiſons ſenſibles.
Or, d'où viennent ces chaleurs ? Ce n'eſt
pas du Soleil; puiſque le Soleil, même
en Eté, ne ſe fait point aſſez ſentir à cinq
ou ſix pieds dans la Terre, pour y fondre la glace. Mais plaçons dans le ſein
de la Terre (*a*) un feu central ; ajoûtons-
y, ſi vous le voulez, des Réſervoirs de
Feu (*b*) d'eſpace en eſpace, toûjours en-
tretenus par le Feu central : & plus on
approchera du centre de la Terre, plus la
chaleur augmentera. Nous aurons & des
chaleurs ſoûterraines, & des Feux ſoûter-
rains, qui travailleront ces Métaux qu'on
trouve quelquefois à 2250 pieds de profondeur, & le Feu central ſera l'origine
des 4 à 500 Volcans (*c*) par où la Terre
vomit des flammes. Vous me permettrez,
Eudoxe, d'être pour le Feu central.

Eudoxe. Je ne prétens point gêner
vos penſées. Le Feu central eſt commode; il eſt ingénieuſement imaginé; mais
enfin, peut-être n'eſt-il pas bien néceſſaire?
Que de chaleurs, & de Feux mêmes ſans
l'action immédiate d'un feu étranger! ſans

ce

(*a*) Comme le P. Caſati, & le P. Kirker.
(*b*) Comme le P. Kirker. *Iter extat. Itinerarium* 2. Dial.
III. c. 4. p. 658.
(*c*) Kirker. Valmont, Bibl. des Phil. Tom. II. p. 50. pag.
417.

ce secours, le fumier s'échauffe, le foin humide s'allume. Nous avons vû cent mêlanges divers s'échauffer; n'en avons-nous pas vû plusieurs s'allumer (*a*)? De semblables mêlanges peuvent se former, s'échauffer, s'allumer de même sous nos pieds. Il suffit de faire de la Terre, comme nous l'avons fait, un Corps hétérogene, & de l'inonder de matiere subtile, pour avoir des chaleurs soûterraines, & des Feux soûterrains.

P. 74. l. 24. *parts* (*b*)?

Les Tremblemens sont ordinaires dans les endroits sulfureux, & proche des Volcans, où les Feux soûterrains sont communs. La France, qui n'a point de Volcans, est beaucoup moins sujette aux Tremblemens de Terre, que l'Italie. L'eau qui se trouble & s'altére dans les puits, qui devient sulfureuse & d'un mauvais goût, les bruits souterrains, & l'élévation soudaine des flots de la Mer dans un tems serein, & sous un Ciel tranquille, sont ordinairement les effets des Feux soûterrains, & par conséquent des Signes qui menacent les Contrées voisines de quelque Tremblement de Terre.

P. 76.

(*a*) Entretien II. d'Ariste & d'Eudoxe, Tom. II. p. 69.
(*b*) Extrait du Journal d'Angleterre. Journal des Savans 1685. p. 229.

P. 76. l. dern. *& l'horreur.*

En 1667. la Perſe vit le même jeu pendant trois mois. Pluſieurs Montagnes & plus de quatre-vingt mille perſonnes diſparurent (*a*).

Hé quelle Contrée n'eſt pas ſujette à voir quelquefois de ces jeux ſi redoutables & ſi peu redoutés? Un Tremblement de terre renverſa Meaco, la Capitale du Japon, il y a peu d'années, & fit périr un million d'Habitans (*b*). En 1718. un Tremblement furieux avoit deſolé toute une Province (*c*) de la Chine. Un gros Bourg & une Ville furent engloutis. On vit des Montagnes entieres jettées à 2 lieues du Nord au Midi. Et tout recemment, en 1730, le 30. Septembre, Peking, la Capitale de la Chine, ne fut-il pas bouleverſé par un Tremblement de terre (*d*)? D'abord le Tremblement éleva les Maiſons, les Palais, les Edifices en ligne perpendiculaire ; & preſque en même tems, il les fit pancher alternativement

ment

(*a*) Struys. Bibl. des Phil. Tom. II. p. 469.

(*b*) Gazette de France De Vienne. 1. Nov. 1730. pag. 544. On a appris ce Fait par des Lettres de Lisbonne.

(*c*) La Province de Xenſi. Let édifiantes & curieuſes, écrites par quelques Miſſionnaires de la Compagnie de Jeſus. 14 Recueil, Let. II.

(*d*) Let. édit. & curieuſes, écrites par quelques Miſſion. de la Comp. de Jeſus, 20. Recueil, Epitre,

ment tantôt vers l'Orient, tantôt vers l'Occident. Aucune maison, qui n'ait été endommagée. Vous eussiez dit qu'une Mine Universelle faisoit sauter Maisons, Palais, Edifices, & que la Terre s'abîmoit sous les pieds; & en moins d'une minute, plus de cent dix mille Habitans furent écrasés sous leurs ruines. Il périt encore plus de monde à la Campagne. Des Bourgades entieres furent détruites; & une perdit seule vingt mille personnes.

A quatre lieues au Nord de Peking, la terre s'ouvrit, & il en sortit une fumée, ou une espece de brouillard épais. Après quoi la terre se trouva couverte d'une eau jaunâtre en quelques endroits, noire en d'autres, & ailleurs noire & rougeâtre. Au midi de la Ville, une Riviere s'enfla tellement qu'elle inonda tout le voisinage. A l'Occident, on voit une ouverture, qui a presque un demi-quart de lieue de longueur; & il y en a dans la Ville même, deux assez grandes. L'Empereur de la Chine, frapé d'un événement si tragique, se prosterna & invoqua l'Esprit qui regne dans le Ciel.

ARISTE. La Nature se plaît-elle donc à donner de tems en tems de ces tragiques spectacles? On dit, qu'assez recemment

cemment en 1718, ſi je ne me trompe, proche de la Martinique, on vit dans un tremblement de terre une Iſle (*a*) ſauter en l'air après un bruit, comme de mille coups de canon, & s'abîmer dans les eaux.

EUDOXE. Il y aura bientôt de la vrai-ſemblance dans ce qu'on diſoit du tems de Platon, & que Platon racontoit lui-même (*b*); que dans un Tremblement de Terre, l'Océan avoit enſeveli ſous ſes eaux, vis-à-vis l'Eſpagne & l'Afrique, une Iſle plus vaſte que l'Aſie; & dont les Rois avoient formé le deſſein de conquérir l'Europe & l'Aſie même. Mais ſi la Terre abſorbe d'anciennes Iſles, elle en produit de nouvelles.

P. 79. l. 11. *prouver* (*c*).

P. 79.

(*a*) L'Iſle de S. Vincent. Gazette de France. 23. Juillet 1718.

(*b*) *Platonis Timaus, ex Serrani interpr.* Tom. III. pag. 24. 25.

(*c*) En 1718, ou environ, la grande Tartarie vit une Montagne s'ouvrir tout à coup, & vomir des Torrens de Flammes & de pierres embraſées. La naiſſance du Volcan nouveau répandit l'effroi dans l'eſprit des Tartares. Ils crurent qu'ils alloient être tous envelopés dans des Feux dévorans. Ils dépêcherent à l'Empereur de la Chine, pour lui apprendre le Phenomene effroyable. L'Empereur ayant fait appeller à l'inſtant tous les Miſſionnaires Européans, qui étoient à Péking, & leur ayant demandé s'il y avoit de pareils Phenomenes en Europe, & quelle en étoit l'origine; il raſſûra les Tartares, en diſant que c'étoit un événement naturel, & que l'Europe ſubſiſtoit toujours quoi-

P. 79. l. 23. *d'obstacles.*

L'Ecosse a des Feux soûterrains qui ne cherchent pas les Montagnes pour s'exhaler. Ils s'élancent du milieu des plaines, quelquefois avec des bruits soûterrains & des Tonnerres épouvantables (*a*).

P. 81. l. 10. *point.*

On a mis (*b*) dans un mêlange de glace & de sel Armoniac, un vaisseau de verre plein d'Esprit de Vin. On a plongé dans l'Esprit de Vin, un autre vaisseau de verre plein d'eau de fontaine. Et l'on a vû l'eau se glacer fort vîte, sans voir dans l'Esprit de Vin aucun changement.

P. 81. l. 19. *l'Eau.*

EUDOXE. Cet excès de pesanteur & de légereté donne un niveau fort utile, pour niveller la Terre, & connoître l'Horison, & les endroits plus élevés ou plus bas.

ARISTE. J'apprendrai volontiers la construction & l'usage du Niveau.

EUDOXE. La construction du Niveau n'est pas bien difficile. On prend un tuyau de verre, transparent, large

d'un

qu'elle renfermât en son sein, depuis les Siecles les plus reculés, un assez grand nombre de Volcans. Je sai le Fait d'un Missionnaire, qui étoit alors à la Chine.

(*a*) Bibl. des Phil. Tom. II. p. 51.

(*b*) M. Hamberger. *Hambergeri fasciculus differt.* Journal des Savans, 1709. p. 565.

d'un travers du petit doigt, long de 8 à
10 pouces, & dont une extrêmité n'a
point d'ouverture. On l'emplit d'eau, si
l'on veut. L'Esprit de Vin vaut mieux;
parce qu'il ne gele point, & qu'il ne fait
point de sédiment. On laisse 8 ou 10
lignes d'Air sur la liqueur. Ensuite, on
scêlle hermétiquement l'extrêmité ouverte, en la faisant fondre à la lampe de l'E-
mailleur; & c'est un Niveau. Quand
l'instrument est paralléle à l'Horison,
l'on voit sur la liqueur une bulle d'air
immobile; parce que l'air est plus léger
que la liqueur, & qu'il ne peut monter
plus haut dans un tuyau paralléle à l'Horifon, où la liqueur ne descend point.
Lorsque l'instrument panche, l'eau, qui
est plus pesante, descend vers le bout inférieur, & l'Air, qui est plus léger,
monte vers le bout supérieur. Par le même principe, quand la bulle d'Air est en
repos sans toucher aux extrêmités, l'instrument est horifontal; il panche, lorsque la bulle d'air monte.

Cela supposé; quand on applique le
Niveau sur un plan parallélement au plan
même: Si la bulle d'air demeure en repos sans toucher aux extrêmités, le plan
est Horifontal. Il n'est point Horifontal,
si la bulle d'Air monte; & elle monte

vers

vers la partie la plus élevée du plan. Tandis que la bulle d'air eft immobile fans toucher aux extrêmités, & que le Niveau par conféquent eft paralléle à l'Horifon; à proportion que la furface de la terre eft plus ou moins au-deffus, ou bien au-deffous du rayon vifuel paralléle au Niveau même, elle eft plus ou moins, au-deffus, ou bien au-deffous de l'Horifon. Par-là, l'on difcerne fi un terrain eft horifontal ou incliné à l'Horifon, fi les eaux y peuvent trouver, ou non, affez de pente pour couler avec une certaine force, faciliter le commerce, fournir des Jets d'eau, embellir nos jardins.

Ne doit-on pas en quelque forte au Niveau, & les eaux qui viennent dans les Jardins de Verfailles ravir les fens par mille fpectacles divers, & le fameux Canal de Languedoc? Ce Canal commencé par l'ordre de LOUIS le Grand en 1666, fous la conduite de M. Riquet, fut achevé en 1681. Il a douze éclufes, où l'eau monte & baiffe felon qu'on ouvre & qu'on ferme les éclufes, pour faire monter ou defcendre les bâtimens impunément, malgré les chûtes d'eau. Le Canal va du Port de Cete fe rendre dans la Garonne à Touloufe; & avec la Garonne, il joint deux Mers féparées par la
France

France & l'Espagne, savoir la Méditer-
rannée & l'Ocean.

Ariste. Les Egyptiens & les Ro-
mains ont-ils entrepris dans le tems de
leur magnificence, & au comble de la
prospérité, des ouvrages plus utiles au
Public, plus hardis & plus dignes de l'E-
gypte ancienne & de l'ancienne Rome?
Et un des principaux instrumens pour de
tels ouvrages, c'est un petit tuyau de verre plein d'Air & d'Eau.

P. 86 l. 5. *Marsilli*. On veut même
que les Mers, comme le Pont-Euxin &
la Mer Caspienne, la Mer Rouge & la
Mer Méditerranée, se fassent des com-
munications soûterraines, ou que la Nature leur en ait fait. Si l'Histoire (*a*) des
Merveilles d'Egypte est bien vraye, un
Bassa de Suez, situé sur l'angle de la Mer
Rouge, ayant pris un grand Dauphin fut
si touché de la beauté du Dauphin & de
son sort, qu'il lui rendit la liberté; mais
auparavant, il lui fit attacher une lame de
cuivre, où le nom de son Libérateur & le
tems (*b*) de sa délivrance étoient gravés.
Et quelques mois après, le Dauphin mis
en liberté se fit prendre dans la Mer Mé-
diter-

(*a*) Par Abulfen. Bibl. des Phil. Tom. I. p. 502.
(*b*) Ibidem. 1341.

diterranée, comme pour y publier & la générosité de son Libérateur & la communication secrete de la Mer Méditerranée & de la Mer Rouge.

P. 88. l. 4. *hommes.*

La Pêche se fait dans le Golphe Persique, depuis quatre brasses de profondeur jusqu'à douze. Les Plongeurs se jettent dans la Mer avec une pierre de six livres au pied, pour descendre plus aisément & plus vîte, & une corde attachée à la Barque, & passée sous les bras, pour remonter plus vîte & plus aisément. Dès qu'ils sont descendus au fond de la Mer, ils détachent la pierre, & ramassent les Huitres dans des filets faits en sacs. Ont-ils besoin de respirer? un mouvement de la corde avertit: on les retire: & ce jeu se réitere jusqu'à la fin de la pêche. Il se trouve quelquefois sept à huit Perles de différente grosseur dans une seule Huitre. La main de la Nature les y forme apparemment, comme elle engendre plusieurs œufs de différente grosseur dans la même Poule.

Il y a des Perles en diverses contrées de la Mer. La côte de Catifa dans l'Arabie heureuse a les plus estimées, c'est-à-dire, les plus claires, & de la plus belle eau. Les Philippines en ont de très-blanches.

Mais

Mais les Naturels du Païs n'en font pas plus touchés que de l'Or (*a*). Les Philofophes de ce Païs-ci montreroient-ils plus d'indifférence ?

Une obfervation plus importante, c'eft que dans le cours des Siecles, la Mer femble changer de place. Strabon ne dit-il pas que de fon tems le Phare d'Egypte étoit une Ifle, & qu'il devint Peninfule ? On prétend (*b*) que la Sicile, au contraire, étoit une Peninfule, avant que d'être une Ifle. On a vû des maifons, des édifices magnifiques, où les Habitans pouvoient avoir vû la Mer (*c*). Nous voyons en divers endroits les rivages avancer peu à peu dans la Mer. Nous voyons en d'autres endroits la Mer ronger, miner les phalaifes & les rivages, & avancer peu à peu dans les terres. Les terres éboulées & emportées par les Torrens, par les Rivieres & par les Fleuves dans la Mer ; & les herbes de la Mer même doivent naturellement y former des élévations capables de combler en quelques endroits le lit des Eaux, & de les forcer

à

(*a*) Gemelli, Tour du Monde. Tom. II. p. 483.
(*b*) Seneque. Bibl. des Phil. Tom. II. p. 259.
(*c*) *Vidi ego in Mari Medit. circa Siciliam*, dit le Pere Schott, *Mag. Univ.* Part. III. l. 5. [*. 451.

à se jetter vers d'autres endroits, où leur excès de pesanteur & d'agitation doit leur creuser un nouveau lit. Ce grand Banc de Terre-neuve, si célébre par la pêche des Morues, vers l'Amérique Septentrionale, ne seroit-il pas formé par les dépôts du Fleuve Saint Laurent? Il ne faut donc pas s'étonner si l'on trouve tant de coquillages dans les terres voisines de la Mer (*a*).

ARISTE. Un Physicien trouveroit matiere à ses recherches dans un voyage de long cours sur Mer. Dans ces voyages l'eau douce se gâte, & redevient bonne à plusieurs reprises ; en trois mois elle peut se gâter, & redevenir bonne trois fois. Quand elle se gâte, elle est pleine de petits vers ; quand elle redevient bonne, les vers disparoissent. Chaque fois qu'elle se gâte, c'est une nouvelle espece d'insectes (*b*). Ces vicissitudes ne sont-elles pas aussi curieuses pour un Physicien,

que

(*a*) On pourroit examiner, & ce seroit une recherche à faire, si l'eau de la Mer diminue sans cesse, & si la Terre grossit à proportion : car enfin, l'eau, qui vient de la Mer, sert à nourrir les Plantes & les Végétaux, comme nous le dirons un jour ; & les Végétaux, les Plantes, nous les voyons s'altérer, & se changer en terre. Quoiqu'il en soit, heureusement il y a de l'eau dans la Mer encore pour bien du tems.

(*b*) Hist. de l'Acad. an. 1722. p. 9 &c.

que l'eau de la plus belle Perle ! Le fecret de les prévenir feroit encore plus
heureux.

Eudoxe. L'eau douce qu'on met
dans les bariques eft chargée d'œufs de
divers infectes. La chaleur du Vaiffeau
fait éclore les œufs; ce font des fourmil-
leres de petits vers; & voilà l'eau gâtée.
La vie des petits vers finit bien-tôt; leurs
particules féparées font perdues dans l'eau;
l'eau reprend fon prémier état; & la voilà
redevenue bonne. La chaleur fait éclore
des œufs d'une autre efpece, qui demandoient un certain tems, un certain degré
de chaleur, & c'eft une nouvelle efpece
d'infectes dans l'eau gâtée la feconde fois.
Bien-tôt ces infectes périffent, comme les
prémiers, & l'eau reprend encore fon prémier état, & fa prémiere bonté. La chaleur en fait éclore d'autres. De-là, cette
fucceffion de nouvelles efpeces d'infectes,
& ces viciffitudes de corruption & de
bonté dans l'eau douce.

Ariste. Mais, Eudoxe, ces petits
infectes ne viendroient-ils pas du bois des
tonneaux ?

Eudoxe, 1. Il fe trouve de ces petits infectes dans les jarres mêmes, qui
font de grands vales de terre. 2. L'eau
prife en divers endroits eft plus, ou

D 5

moins.

moins, sujette à cet inconvenient. Il faut donc attribuer l'inconvenient des petits insectes, non aux bariques, mais aux œufs, dont l'eau douce qu'on y met, est chargée.

Un moyen de prévenir le mal, c'est de jetter dans la barique pleine d'eau douce une fort petite quantité d'esprit de Vitriol ; ou bien de laver d'eau chaude la barique, & d'y brûler, avant que de la remplir, un morceau de Soufre (a). Le Soufre & l'esprit de Vitriol rendent les œufs inféconds, tuent les insectes avant leur naissance, & conservent l'eau dans les voyages de long cours sur Mer.

P. 91. l. 2. *cause*. Ferons-nous tourner le Globe Terrestre, pour la trouver dans ce mouvement ?

Eudoxe. Si le Flux & le Reflux vient du Tournoyement de la Terre, pourquoi la Mer Caspienne n'a-t-elle pas son Flux & son Reflux, comme l'Ocean ?

P. 95. l. 17. *Planete*, qui, à cause de sa solidité, ne pouvant se prêter exactement aux vîtesses inégales des cercles divers du Fluide, prend une vîtesse moyenne, & va plus lentement.

P. 122. l. 16. *Fontaine* (b).

P. 124.

(a) Hist. de l'Acad. 1722. r. 10.
(b) Les vapeurs elevées pour former la Fontaine sur le panchant d'une Colline ou d'une Montagne, ne sauroient-
elles

P. 124. l. 10. *cuivre*. La Pologne a des Fontaines qui ne demandent que cinq à six heures pour changer en cuivre des lames de fer.

P. 124. l. 16. *pierre*. Un Irlandois, de ma connoiſſance, m'a dit plus d'une fois, qu'il avoit ſouvent fait l'expérience avec ſuccès.

P. 125. l. 3. *Bourbon, &c.*

La Chine, cette vaſte Contrée (a), où l'on peut faire plus de 600 lieues toujours par des Canaux ou des Rivieres, à la reſerve d'une ſeule journée, pour traverſer une Montagne.

P. 125. l. 8. *nuit.* Cette Fontaine me fait ſouvenir de celle de Jupiter Ammon.
Selon

elles y porter quelques Germes inſenſibles de Poiſſons & de Coquillages? Tel grain (1), qui n'egaleroit pas la dix-millieme partie d'un grain de Poivre, produit une plante. Dans cette penſée, il ne faudroit pas toûjours avoir re-cours au Déluge, pour placer ſi haut des Coquillages, des figures de poiſſons, des Poiſſons mêmes. Mais on en trouve un ſi grand nombre dans les Mines, & dans les en-droits les plus élevés (2) comme dans les endroits les plus bas; qu'il faut, ſans doute, que le Déluge en ait laiſſé dans une terre délayée, que le tems ait changée en craye, en pierre, en rocher.

(1) Bibl. des Phil. Tom. I. p. 544.

(2) On trouve des Squelettes de Poiſſons dans les pierres du Mont-Liban, Paul Lucas l. 6. p. 336. Bibl. des Phil. Tom. II. p. 469.

(a) On donne à l'Empire de la Chine plus de 400 lieues de l'Eſt à l'Oueſt, & plus de 500 du Nord au Sud. Relation de la Chine par le P. de Magaillans, Jeſ. Rep des Lettres Tom. X. p. 1181.

Selon Lucrece (*a*), elle étoit froide le jour, & chaude la nuit. Quint-Curce la fait tiéde au point du jour, froide à midi, chaude vers le soir, & bouillante à minuit (*b*).

P. 133. l. 25. *l'Andaloufie.*

Ariste. Il ne s'agit plus que de savoir découvrir les sources.

Eudoxe. Un moyen assez connu, c'est la Baguette divine. On donne ce beau nom à un Rameau fourchu de Coudrier, d'Aulne, de Hêtre, ou de Pommier. On tient d'une main l'extrêmité d'une branche, sans la serrer beaucoup, en sorte que le dedans de la main regarde le Ciel. On tient de l'autre main, l'extrêmité de l'autre branche, la tige commune paralléle à l'Horison, ou un peu élevée. L'on avance ainsi doucement vers l'endroit, où l'on soupçonne qu'il y a de l'eau. Dès que l'on est sur cet endroit, s'il y a de l'eau, la Baguette tourne & s'incline vers la terre, comme une Aiguille qu'on vient d'aimanter. Pourquoi? La Matiere Magnetique sortie du sein de la terre, s'éleve, se réunit dans une extrêmité de l'Aiguille, où elle trouve un

accès

(*a*) Lucr. l. 6. v. 848.
(*b*) Liv. 4. n. 30.

accès facile, & chafle l'air ou la matiere
du milieu ; la matiere chaflée revient fur
l'extrêmité de l'Aiguille, & la fait pancher (*a*), lui donnant la direction de la
matiere magnétique. De même, à peu
près, les particules aqueufes, les vapeurs
qui s'exhalent de la Terre & qui s'élevent, trouvant un accès facile dans la tige de la branche fourchue, s'y réuniflent,
l'appefantiflent, chaflent l'air ou la matiere du milieu. La matiere chaflée revient fur la tige appefantie, lui donne la
direction des vapeurs, & la fait pancher
vers la Terre, pour vous avertir qu'il y
a fous vos pieds une fource d'eau vive.

Ordinairement les branches des arbres,
qui font le long des Rivieres, ou fur le
bord des Fontaines, panchent vers l'eau.
Pourquoi ? L'eau leur envoye des parties
aqueufes, qui chaflent l'air, pénétrent les
branches, les chargent, les affaiflent, joi-
gnant leur excès de pefanteur au poids de
l'air fupérieur, & les rendent enfin, autant qu'il fe peut, paralléles aux petites
colomnes de vapeurs qui s'élevent de la
furface de l'eau. Ainfi, les vapeurs, qui
s'infinuent dans les plantes avec tant de
facili-

____

(*a*) Entretien XVI. Tom. I.

facilité, pénétrent la Baguette, & la font pancher.

Ariste. On affûre que la Baguette n'a pas le même effet entre les mains de tout le monde. Que dis-je? On veut qu'elle n'ait pas toûjours le même effet entre les mêmes mains.

Eudoxe. Une transpiration de corpuscules, abondans, grossiers, sortis des mains & du corps, & poussés rapidement, peut rompre, écarter le volume, ou la colomne des vapeurs, qui s'élevent de la source; ou tellement boucher les pores & les fibres de la Baguette, qu'elle soit inaccessible aux vapeurs: & sans l'action des vapeurs la Baguette ne dira rien.

Encore un moyen de deviner heureusement: c'est une Aiguille de bois longue de deux ou trois pieds, composée de deux bois différens, dont l'un prend plus aisément l'humidité, comme l'Aune; on peut y joindre une éponge. Suspendez l'Aiguille par son centre de pesanteur, avec un filet, ou sur un pivot, dans l'endroit, où, selon vos conjectures, il peut y avoir de l'eau. S'il y a de l'eau, les vapeurs pénétreront l'éponge, & le rayon qui s'imbibe plus facilement: & un excès de pesanteur le fera

fera pancher, pour vous découvrir ce que vous cherchez (a).

Il me femble que l'épreuve de la Baguette ou de l'Aiguille doit fe faire, furtout le matin; parce qu'alors, la vapeur n'ayant point été confumée par la chaleur du Soleil, elle eft plus abondante.

Voulez-vous, Arifte, fans ce fecours trouver de l'eau cachée dans la Terre?

1. Les joncs, les Rofeaux, les Aulnes, le Saules qui font venus d'eux-mêmes, ne naiffent guere que dans les endroits, où il y a de l'eau.

2. Avant le lever du Soleil, couché de votre long, le menton fur la Terre, où vous cherchez de l'eau, regardez la furface, ou un peu au-deffus de la furface de la campagne : fi vous voyez en quelque endroit une vapeur humide, qui s'éleve en ondoyant; il y a de l'eau dans cet endroit-là.

3. Voyez-vous le matin, après le Soleil levé, comme des nuées de petites mouches voler contre terre, toûjours dans un certain endroit? Apparemment il y a de l'eau deffous. L'eau cachée s'évapore,

---

(a) Par le même principe, fi un bout de l'Aiguille étoit de Sel, il pourroit s'incliner fur une Miniere de Sel; s'il étoit d'Or, fur une Mine de Vif-argent,

re, & fournit des vapeurs qui réuniffent les infectes.

C'eft fur-tout à la pante des montagnes, qui regardent le Septentrion, qu'il faut chercher les eaux abondantes & faines; parce que ces lieux-là n'étant point expofés au Soleil, les rayons du Soleil n'y defféchent point la Terre, & n'y enlevent point ce que les eaux ont de plus fpiritueux.

P. 137. l. 19. *Septembre*. Les Vapeurs élevées alors par la chaleur du Soleil, qui fe trouve vers notre Tropique, & portées vers ces montagnes par les vents du Nord, y font réunies en goutes fenfibles par le froid des Montagnes mêmes, & y tombent en pluye.

P. 145. l. 15. *l'Aiman*.

Enfin, l'on trouve en différentes eaux des fels, des parties pierreufes, des particules métalliques; on y trouve du fel commun, du Nitre, du Vitriol, de l'Alun, du Soufre, du Bitume, de l'Antimoine, de la Craye, de l'Ocre, du Marbre, du Mercure, du Fer, de l'Argent, de l'Or &c. Telles eaux ne contiennent qu'une de ces fubftances; d'autres eaux en contiennent plufieurs. De-là, les différentes qualités des eaux minérales.

Ibid. l. 16. *mélange* & l'action des
fels,

fels , des parties pierreuſes ou métalliques,

P. 149. l. 15. *ſang* (a) ;

P. 156. l. 24. *l'Epine.*

A r i s t e. Mais ne dirons-nous rien des dents? Les dents font un aſſez bel effet, & ſont aſſez utiles pour mériter que nous en diſions un mot.

E u d o x e. Au Microſcope , la dent eſt l'aſſemblage d'un million (b) de fibres ou de petits canaux oſſeux, qui, d'une cavité qu'on trouve dans la dent même, s'étendent comme d'un centre commun, pour former enſuite, par leur réunion, une eſpece d'écorce très dure, qui fait la ſurface de la dent. La cavité paroît être un Réſervoir pour l'Aliment. Auſſi la voit-on pleine de nerfs, de veines, de vaiſ-

---

(a) Le Sang eſt une liqueur exprimée du ſuc le plus pur des alimens , graſſe, onctueuſe , mêlée, entretenue dans une continuelle fermentation , par le mêlange des liqueurs hétérogenes , tcûjours bouillante , compoſée de globules rouges (1) qui nagent dans une Lymphe tranſparente, ou dans le *Serum*; mais, qui lorſque le ſang ſe caille, & que l'action du mouvement & de la chaleur ne les ſoûtient plus, s'enfoncent par leur excès de peſanteur.

(1) 30. Vol. des Mém. Phil. de la Société Royale de Londres. Mém. Literaires de la Grande Bretagne. Tom. II. p. 390. 398.

(b) Selon les Obſervations de M. Leuwenhoek, telle dent peut avoir environ cinq millions de petits tuyaux. *Continuatio Epiſtolarum ad Reg. Soc. Londini.* Ep. 1, Rép. des Let. Tom. XI. p. 99.

vaiſſeaux, qui prenant leur origine dans la gencive, en tirent le ſuc nourricier, pour le diſtribuer à toutes les parties de la dent. Une humeur groſſiere, un ſuc mal digeré cauſe-t-il quelque obſtruction dans ces conduits ſi déliés? Ils ſe dilatent lorſqu'il vient un nouveau ſuc; dilatés, ils ſe compriment violemment les uns les autres. La violence briſe, dérange les fibres; & l'Ame eſt avertie de ce dérangement: mais c'eſt par le ſentiment d'une vive douleur.

P. 164. l. 12. *Sang* (*a*);
P. 165. l. 5. *ſubtil* (*b*).

Il eſt vrai; l'on a fait voir à l'Académie des Sciences un Cerveau pétrifié (*c*). C'étoit le cerveau d'un Bœuf gras & vigoureux, tué tout récemment. Un Cerveau

---

(*a*) M. Saviard dit qu'il a fait l'ouverture du corps d'un jeune homme, qui ayant eu le cœur percé de part en part, d'un coup qui paſſa du ventricule droit au ventricule gauche, à travers la cloiſon, vêcut encore quatre ou cinq jours. Des grumaux de ſang avoient bouché les ouvertures des ventricules.

Muller parle d'un Soldat qui ayant reçû un coup d'épée dans le cœur le 22. d'Août, ne laiſſa pas de vivre juſqu'au 8. de Septembre.

Schott. *Phyſ. Cur.* Par. 1. p. 497.

(*b*) Ainſi tel vaiſſeau, qui filtre l'eau, ne laiſſe point paſſer le vin (1). L'eau traverſe un morceau de veſſie, qui refuſe un paſſage libre à l'air. Un papier imbibé d'huile ſépare l'huile du vin.

(1) Tom. I. Entretien IV. *Ibid.* Entretien XXIV. XXV.
(*c*) Mém. de l'Acad. 1703. p. 261.

veau dur comme le Marbre filtroit-il les efprits animaux? La Nature fait fe ménager des reffources, dans les accidens, pour fes opérations ordinaires. Dans une pétrification fi rare, on trouvoit en divers endroits, des vaiffeaux, des fillons tracés par les vaiffeaux, des nerfs en leur état naturel, une fubftance fpongieufe, tendre, moëlleufe; & la moëlle de l'Epine s'étoit confervée. C'étoit de quoi fournir jufques dans un cerveau de pierre, des filtres, des paffages aux efprits animaux, des filets fouples & dociles aux impreffions des objets & des efprits.

P. 167. l. 24. *veines* (*a* & *b*).

P. 169. l. 5. *fang.*

EUDOXE. Il s'offre une difficulté. Pour prévenir des engorgemens dangereux, la circulation femble demander une égale capacité dans les vaiffeaux qui reçoivent le fang, & dans les vaiffeaux d'où le fang vient: Néanmoins, felon les obfer-

____

(a) M. Leuwenhoek, dit qu'en obfervant la circulation dans de jeunes Grenouilles, il vit manifeftement que les artéres & les veines étoient les mêmes vaiffeaux; qu'il le remarqua fur-tout dans les efpeces de doigts, ou dans les divifions des pates. *Ut mihi manifeftiffime liqueret, arterias & venas eadem continuata effe vafa.... Sed clariffimè, & ut plurimùm.... in extremitate partium eminentium in pede* (b).

(b) *Arcana naturæ detecta. Lugduni Batav.* 1722. TOM. II, P. 164.

obſervations de M. Helvetius (*a*), le ventricule droit & l'oreille droite du cœur ont plus de capacité, que le ventricule & l'oreille gauches; & les artéres du poumon ſont & plus larges & plus nombreuſes, que les veines pulmonaires. Enfin, les Anatomiſtes conviennent que les artéres, qui partent de l'Aorte, priſes enſemble, ont moins d'étendue que les veines qui leur répondent. Comment donc le ſang peut-il paſſer ſans engorgement du côté droit du cœur & des artéres du poumon, dans les veines pulmonaires & dans le côté gauche du cœur? Comment le ſang de toutes les veines peut-il paſſer par les artéres qui naiſſent de l'Aorte?

ARISTE. 1. Quelque partie du ſang qui va du côté droit du cœur & des artéres du Poumon, dans les veines pulmonaires & dans le côté gauche du cœur, reſte dans le Poumon même, pour lui ſervir de uourriture; & ce qui demeure là, n'a pas beſoin de paſſage. 2. L'air qu'on reſpire, & qui deſcend chargé de vapeurs, ou de particules d'eau dans le poumon, rafraîchit, & par conſéquent condenſe le ſang; & le ſang condenſé demande

---

(*a*) Hiſt. de l'Acad. 1718. Jcurnal des Sav. 1722. pag. 1.

mande moins d'efpace dans les veines pulmonaires, & dans le côté gauche du cœur.
Enfin, fi le fang que le côté gauche du
cœur jette par la grande Artére dans les
petites, s'y trouve plus refferré, que dans
les veines, la contraction du cœur, qui
le pouffe dans ces petites artéres, l'y fait
couler plus vîte, & tout eft compenfé.
La Sageffe, qui conduifit la main qui
forma la machine de notre Corps, ne fe
dément nulle part. Mais combien de
fois feriez-vous circuler le fang en une
heure?

P. 171. l. 10 & 11. *Contraction (a)*.

P. 172. l. 23. *mouvement*. Lâchez la
ligature: l'oreillette droite recommence
à fe mouvoir, puis le Cœur; enfin les
Artéres; la machine fe ranime. On fouffle doucement de l'air par le canal Tho-
rachique, ou par la Veine cave d'un A-
nimal fuffoqué: & l'on voit le mouvement du Cœur fe réveiller pour quelque
tems (*b*).

P. 173.

(*a*) M. Boyle dit qu'il a vû les mouvemens du Cœur
dans un Gentilhomme. Ce Gentilhomme avoit été bleffé
à la poitrine. Il étoit guéri. Mais il reftoit un trou, qui
laiffoit voir les mouvemens du Cœur; ce qui n'empêcha
pas le Gentilhomme de devenir Général d'Armée.
Boyle. *Tentamen Porologicum.* Journ. des Sav. 1685. Mai.
p. 192.
(*b*) Defcription Anatomique, par M. Fizes. Journal des
Savans 1731. Juin. P. 349.

P. 173. l. 18. *oval* (*a*).

Ibid. l. 23. *ressort*, produit apparemment d'abord, du moins en partie, ou par des esprits que la Nature avoit mis originairement, comme en reserve, dans le cervelet & dans le cerveau du Fœtus; ou par des esprits que le premier sang de la Mere aura portés au cerveau du Fœtus; mais sur-tout au cervelet (*b*), d'où ils feront venus au cœur par les nerfs & les fibres, qu'ils auront emplis, gonflés & racourcis pour causer la prémiere contraction du Cœur, que la fermentation d'un nouveau sang a dû r'ouvrir, pour être resserré, comme la prémiere fois, par de nouveaux esprits. Jeu, qui se continue par la même raison, à peu près, dans le principe de la vie du Corps.

P. 176. l. antepenult. *infinie.* S'il sort du vin tant d'esprits petillans & si déliés, sans doute, il doit sortir des esprits du sang, qui fermente sans cesse.

P. 177.

(*a*) C'est un trou qui communique immédiatement de l'oreille droite du Cœur à la gauche. M. Drouïn dit qu'il l'a trouvé très ouvert. Journ. des Sav. 1699. Fevrier. p. 144.

(*b*) Je dis, *au Cerveau, mais sur-tout au Cervelet*; parce que le Cervelet paroît avoir un rapport plus essentiel encore avec le Cœur que le Cerveau. Si l'on tire le cerveau de la tête d'un animal, le cœur bat & l'animal vit encore quelquefois une heure; dès qu'on en ôte le cervelet, le battement du cœur finit avec la vie.

P. 177. l. 9. *l'Ame* ; puifque l'Ame eſt libre tandis que le cerveau eſt fain, mais qu'une bleſſure, un dérangement, une humeur, une goute de fang déplacé dans le cerveau, nous rend infenfibles à tout.

En effet, 1. ſi l'on lie un nerf, la fonction de l'organe avec lequel ce nerf a communication, ceſſe à l'inſtant. Pourquoi ceſſe-t elle, finon parce qu'il doit couler quelque choſe par le nerf, pour la produire, à peu près comme l'air, qu'on fait couler par un tuyau dans les veſſies, leur donne du mouvement & de l'action? 2. Pourquoi fort-il du cerveau tant de nerfs, qui fe diſtribuent dans toutes les parties du Corps, finon pour les remuer, les animer toutes par l'action & le mouvement d'une matiere fpiritueufe & active (a)? 3. M. Leuwenhoek prétend avoir difcerné pluſieurs fois au Microfcope, non-feulement les petits filets, les petits tuyaux dont les nerfs des animaux font compoſés ; mais des cavités dans ces petits tuyaux, & des corpufcules dans ces cavités (b). A quoi bon ces tuyaux, ces cavités,

(a) Entretien IX. Tom. II. p. 176. 177.
(b) *Non modò funiculos, ex quibus nervus componitur, & qui vafculorum vice funguntur, agnofcere poteram ; fed & fingulos*

cavités, fimon pour recevoir ce qu'il y a de plus fubtil dans le fang? 4. Une goute de vin rend tout d'un coup les forces à une perfonne épuifée de fatigues. N'eft-ce pas en fubftituant aux efprits qui fe font diffipés, de nouveaux efprits, fi propres à rendre au Corps fa vigueur en coulant dans les nerfs, & à faire paffer l'impreffion des objets extérieurs jufques au fiége de l'Ame?

P. 177. l. penult. *corps.*

Il paroît furprenant que des corpufcules auffi déliés que les efprits animaux produifent par leur action, & les mouvemens ordinaires du Corps & les mouvemens convulfifs. Mais qu'on attache à une poutre un bout d'une corde; & à l'autre bout de la corde, un poids de 500 livres. Si l'on arrofe avec de l'eau la corde, ou que l'eau diftille goute à goute fur le bout fupérieur de la corde, les particules humides, qui s'infinueront dans les interftices de la corde, l'enfleront, & en la gonflant, la racourciront tellement, que fi elle ne fe rompt pas, on lui verra lever, comme d'elle-même, le poids de 500 livres.

Si

los nervos cavatos… effe videbam. Quin ipfas particulas, quæ vafculis prædictis continebantur, vifu diftinguere mihi videtar. Arcana Natura detecta. Tom. IV. pag. 312. 313. 314. &c.

Si quelques goutes d'eau, fi quelques
vapeurs, qui pénétrent les cordes, levent
des poids immenfes; fi l'haleine fuffit,
faut-il s'étonner que le fang & les efprits,
qui enflent les fibres motrices, produifent, non-feulement les mouvemens ordinaires du corps; mais même ces grands
efforts, qu'on remarque dans les mouvemens convulfifs?

P. 178. l. 6. *nutrition.*

Si les interftices qui reçoivent les fucs
dans les os & dans les chairs, font plus
grands, ou qu'ils fe dilatent plus aifément;
les chairs & les os recevront, & plus de
nourriture, & plus d'accroiffement. De-
là vient la taille avantageufe, ou la taille
extraordinaire (*a*).

P. 181. l. 18. *falive* (*b*).

P. 183.

(*a*) J'ai vû un homme de fept pieds & demi. La Terre
de Canaan avoit des hommes qui faifoient paroître les autres comme des Sauterelles. *Num.* c. 13. *v.* 34.

(*b*) La Salive eft une liqueur tranfparente, féparée du
fang par des Glandes, verfée dans la bouche par les conduits falivaires, faline, acide. Warton, Stenon, Gafp. Bartholin ont découvert & décrit des Glandes & des Conduits
falivaires. L'action du fang force la falive de paffer par
ces Glandes & ces conduits, comme par des efpeces de
tamis & de couloirs. La compreffion des Glandes hâte la
filtration. De-là, quelque fois la falive s'élance & jaillit.
Quelquefois la vûe ou l'idée feule d'un mets fait venir la
falive à la bouche; l'imagination détermine les efprits animaux à couler, à produire un mouvement qui fecoue les
Glandes falivaires, qui les refferre, & les oblige à verfer
la liqueur qu'elles portent. Cette liqueur à des ufages u-

P. 188. l. 19. *Matrice* (a).

P. 189. l. 4. *en plus* (b).

ARISTE. C'eſt-à-dire, Eudoxe, que nous ſommes tous, dans le fond, auſſi jeunes & auſſi vieux les uns que les autres ; & qu'avec un certain air, & une certaine fleur de jeuneſſe, on ne laiſſe pas d'avoir ſes cinq à ſix mille ans.

Mais le Fœtus ſi recent & ſi ancien tout à la fois ne reſpire pas, dites-vous? Cependant un Curieux (c), dont je liſois ce matin la relation, aſſûre qu'il a pluſieurs fois entendu les cris réitérés d'un enfant, qui étoit encore dans le ſein de ſa Mere.

tiles. Elle humecte la bouche ; elle facilite, par ſa fluidité, le mouvement de la langue, & l'articulation des mots; elle diviſe les alimens, aide à la digeſtion. Enfin, la ſalive étant ſaline & acide, elle eſt corroſive ; appliquée à jeun elle ôte les taches, guérit les Dartes, les Eréſipeles, les feux volages, la plûpart des maladies de la peau.

(a) L'Oeuf eſt dans la Matrice à peu près comme la graine dans la terre. Il ſort de l'Oeuf des vaiſſeaux, qui vont s'attacher au fond de la Matrice, où ils compoſent ce qu'on nomme l'Arriere-faix ou le *Placenta* ; comme il ſort de la graine des racines, qui vont s'attacher à la terre, d'où elles tirent les ſucs nourriciers.

(b) Telle eſt la Méchanique du Corps humain & l'origine des hommes, que les conjectures & le calcul de Voſſius fixent au nombre d'environ cinq cens millions répandus ſur la ſurface de la Terre. *Iſac. Voſſii, Obſ. liber.* Journ. des Savans 1685. Mars. p. 107.

Selon les Obſervations faites à Londres depuis 1629, juſqu'en 1710. il naît plus de garçons que de filles. Nieuwentyt p. 14. Idée de l'Ouvrage.

(c) Rép. des Lettres. Tom. VI. p. 945. Août 1685.

Mere. ,, C'eſt une choſe, dit-il, que j'ai
,, entendue pluſieurs fois,,.

Eudoxe. Si le Fait eſt auſſi réel qu'il
eſt rare, diſons que la Nature, qui ſe
plaît à ſe jouer de nous, quand nous la
ſuivons à la trace, & à nous échaper, au
moment que nous croyons la ſaiſir, ſuit
tellement des loix générales, qu'elle ſe
ménage quelques exceptions fondées ſur
les loix générales mêmes, pour piquer
notre curioſité, pour nous faire admirer
ſes reſſorts divers, ſa fécondité, ſes reſ-
fourſes. On a trouvé, dit-on (a), un
Fœtus ſans nombril, un autre ſans bouche, que dis-je? ſans tête. Il falloit donc
que celui-là ſe nourrit par la bouche; celui-ci par le nombril, comme il arrive
ordinairement. Un Fait extraordinaire ne
dément pas un Syſtême établi ſur des expériences communes.

P. 195. l. 16. *plus.*

Eudoxe. Des Obſervations différentes ſur divers ſujets, ont donné quelque
lumiere

(a) *Hiſt. Medica de Acephalis, Dučtore Mappo.* Rép. des
Let. Tom VIII. p. 1071. Mappus dit qu'il a vû un enfant ſans tête. *Ibid.* p. 1065. L'ačtion du ſang qui paſſe
du ſein de la Mere dans le Fœtus, qui ne fait que com-
mencer à ſe former, y forme aiſément de nouveaux conduits, dans une matiere ſi délicate, & peut ſuppléer quelque tems aux fončtions des parties qui manquent.

lumiere fur les progrès de l'accroiſſement du Fœtus. Après quatre jours, on a trouvé des linéamens, des traits formés, on a diſtingué la tête ; après quinze jours, on a vû le nez, les yeux, les oreilles, les bras, le tronc, les jambes ; après trois ſemaines, les mains, les doigts, les côtes ; après un mois, des marques d'un corps animé. Après cinquante jours, le Fœtus a paru grand comme une feve ; après trois mois, long de deux doigts ; après quatre mois, d'une palme (*a*). Comme il trouve dans le ſein de la Mere un ſuc mieux préparé que dehors, il y croît infiniment plus vîte.

Mais, tandis que le ſang de la Mere circule, & porte la vie dans le Fœtus, ſi l'action des ſucs leur fait par hazard des paſſages d'une partie dans une autre du Fœtus encore tendre, elles ſe colleront l'une à l'autre. En 1726, on vit un enfant, qui avoit les doigts de chaque main & de chaque pied attachés enſemble; l'Art fut les ſéparer par des inciſions aſſez heureuſes (*b*).

P. 197. l. 1. *tems*. Les eſprits plus agités, plus réunis, & portés plutôt du Cœur

(*a*) Bibl. des Phil. Tom I p. 607.
(*b*) Hiſt. de l'Acad. 1730. p. 16.

Cœur au Cerveau, fournissoient plus d'i-
dées, des idées plus vives, plus de des-
seins hardis, plus de ressources. De-là
l'Héroïsme ne se mesure ni par le nombre des années, ni par la taille. A l'âge
de trente ans, Scipion l'Afriquain avoit
abattu l'orgueil de Carthage. A trente
quatre ans, Pompée triomphoit pour la
troisieme fois, après la défaite de Mithridate, Roi de Pont. A trente ans, Alexandre avoit conquis l'Asie. A trente ans,
Jule-César, qui sentoit le même feu, la
même ardeur pour la gloire, pleuroit à
la vûe d'une Statue d'Alexandre, dans la
pensée que l'occasion lui manquoit de
montrer son grand cœur & de s'immor-
taliser dans un âge, où Alexandre étoit
un Conquérant célèbre (*a*):

P. 197. l 8. *pierres, ou changée en pierre.*

Dans l'Anatomie d'un Cerveau ,, je
,, pressai la glande pinéale, dit M. le Che-
,, valier Edmond King (*b*), & trouvai
,, que c'étoit une pierre dans une mem-
,, brane, ou plutôt une glande pétrifiée
,, dans une membrane. J'ôtai la pierre, &
,, la gardai comme une grande rareté (*c*) ".

P. 200.

(*a*) Plutarque. Vie de César.
(*b*) De la Société Royale de Londres.
(*c*) Transactions Philosophiques. Nov. 1686. Nouv. de
la Rep. des Let. Avril. 1687. p. 39.

P. 200. l. 1. *Mémoire.*

Le merveilleux Tréfor, que la Mémoire! le paffé s'y retrouve en un inftant. En un inftant mille objets divers y reviennent au gré de vos defirs, s'offrir à l'efprit. Cyrus n'avoit qu'à le vouloir; les noms de tous fes foldats fe préfentoient à lui, comme d'eux-mêmes. Mithridate parloit vingt & deux langues différentes. Jules-Céfar avoit les idées des chofes fi à la main, pour ainfi dire, qu'il lifoit, écoutoit, écrivoit, & diƈtoit au même tems. Que dis-je? Il diƈtoit jufques à fept Lettres à la fois (*a*). L'Empereur Adrien avoit-il lû les livres? il les favoit par cœur (*b*). S. Auguftin parle (*c*) d'un de fes Amis, qui favoit Virgile à le reciter à rebours. (*d*) Muret dit, qu'un homme de fa connoiffance favoit trente-trois mille mots par cœur, à les réciter de même. Les impreffions fucceffives des objets divers font dans la fubftance molle du cerveau, des traces plus ou moins liées, qui communiquent plus ou moins, plus ou moins profondes, felon la tiffure du cerveau même. Les efprits qui retrouvent

(*a*) Pline l. 7. c. 24. 25.
(*b*) Spartianus.
(*c*) l. 4. *De anima.* c. 7.
(*d*) l. 3. Varior. c. 1.

trouvent plus d'accès dans ces traces, plus de paſſages libres pour couler des unes dans les autres, y reproduiſent plus d'agitation, réveillent ſucceſſivement plus d'idées. De-là, ces Mémoires ſurprenantes.

Mais les biens les plus précieux ſont fragiles comme les autres. La Mémoire la plus heureuſe ſe perd. Lucrece fait une peinture touchante d'une maladie contagieuſe, où pluſieurs perſonnes perdirent la mémoire, juſques à ſe méconnoître (a). Pline parle d'un Romain (b) qui la perdit tellement dans une maladie, qu'il ne ſe ſouvenoit pas même de ſon propre nom.

P. 201. l. 2. *l'Ame.* Si l'action de quelque fluide mêlé dans le ſang, vient à diſſiper les obſtructions du Cerveau, les eſprits pourront reprendre leurs cours, réparer, & agiter les anciennes traces ; & les idées perdues, ſe retrouveront comme d'elles-mêmes, dans l'eſprit.

Eudoxe. Ce principe donne quelque vrai-ſemblance à ce que dit Ariſtote, qu'il y avoit de ſon tems deux fontaines voiſines (c), dont l'une rapelloit le ſouvenir

(a) Lucr. l. 6. v. 1211.
(b) Meſſala Corvinus. Pline. l. 7. c. 24.
(c) Dans la Béotie, Bibl. des Phil. Tom. I, p. 157.

venir des choses qu'on avoit faites, &
que l'autre avoit heureusement fait ou-
blier.

P. 204. l. 2 & 3. *déréglés* (a).

P. 205. l. 26. *Pleuréfie.*

La maladie est ordinairement accompagnée de douleur.

Eudoxe. La maladie est un dérangement des parties du Corps Selon les
Loix de l'union de l'Ame & du Corps
établies par l'Auteur de la Nature, la
maladie est ordinairement accompagnée
de douleur, afin qu'un sentiment de douleur avertisse l'Ame de remedier au dérangement du Corps, & que l'union du
Corps & de l'Ame subsiste pendant quelque tems, pour procurer, comme de concert, la gloire du Créateur, & mériter
le bonheur qui doit en être la récompense.
Ce qui divise lentement & légérement les
parties du corps ne se fait guere sentir,
parce qu'il ne nuit point ou qu'il nuit
peu. De-là, les choses les plus dures, (b)

les

(a) L'imagination produit dans les Animaux, à peu près
de la même façon apparemment, des effets assez semblables. Un œuf de Poule marqué de plusieurs étoiles, & pondu en Italie, a fait grand bruit dans le monde. Et feu M.
Caffini vit à Boulogne un autre œuf fort extraordinaire.
L'œuf avoit été pondu dans le tems d'une Eclipse de Soleil ; & le Soleil paroissoit en relief sur la coque. Journal
des Sav. 1681. Janv. p. 24. 25.

(b) Comme des épingles, des lames des couteaux. Mém.
de Trev. Avril. 1725. p. 581.

les plus tranchantes & les plus pointues, avalées indifcretement, font quelquefois forties par les flancs, ou par d'autres endroits de la peau, fans avoir caufé dans le corps des douleurs bien fenfibles, parce qu'elles avoient traverfé lentement les parties du corps, & fans interrompre confidérablement le cours des fucs.

Souvent les malades fouffrent plus la nuit que le jour.

ARISTE. La nuit, toute l'impreffion du mal fe fait fentir, nulle autre impreffion ne la vient affoiblir, & le Malade n'eft attentif qu'à fon mal.

La pâleur, la foibleffe, le dégoût, font les fymptômes ordinaires des maladies.

P. 210. l. 3. *Poëtes.*

Par le même principe le cri des Grillons endort. Et l'on dit (*a*) qu'il fert aux Afriquains d'une mufique délicieufe pour s'endormir. Et s'il eft vrai, comme on l'affûre (*b*), que pour fe concilier le fommeil quand on a de la peine a s'endormir, on n'a qu'à fe rappeller dans l'imagination les plus belles eaux que l'on ait jamais vûes; c'eft qu'apparemment l'imagination

(*a*) Rép. des Let. Tom. VI. p. 1008. Sep. 1686.
(*b*) *Gaudent. Merula.* l. 4. Memor. c. 50. Rép. des Let. Tom. XI. Avril, 1689. p. 335.

E 5

gination fixant toute l'attention de l'esprit sur un objet, qui plaît, fixe aussi le cours des esprits, dont l'action sur divers organes feroit naître des idées différentes, vives, importunes, & ennemies du sommeil.

P. 210. l. penult. *temperer* (*a*) ;

P. 211. l. 7. *s'éveillent*.

De-là, tant de Serpens & d'Insectes qui font tout l'Hyver dans l'inaction, semblent se ranimer au Printems ; & la Marmotte, qui s'endort au mois d'Octobre, se réveille au mois de Mars. Les Chauve-Souris, qu'on trouve quelquefois attachées, en gros pelottons, aux voutes des Antres les plus obscurs, ne font-elles pas, à peu près de même (*b*) ?

P. 211. l. 25. *aboutir*.

Ariste. Je conçois assez la cause du Sommeil ; mais j'ai peine à comprendre les

(*a*) Si l'on a vû des Tortues vivre quatre mois sans manger ; si l'on a vû, comme on le dit, des personnes vivre naturellement les semaines, les six mois, les années, ne faisant que se laver la bouche avec de l'eau ; c'étoit, apparemment, par le même principe, à peu près. Ils transpiroient peu, & un peu d'eau rafraîchissoit le sang. Lettr. édif & cur. 14. Recueil 1 Let. P. Schott. *Phyf. Cur.* Journal des Sav. 1707. Supplement p. 175. 31. Vol. des Transactions Philosophiques de la Societé de Londres. Mém. de la Grande Bretagne. Tom XI. p. 36.

(*b*) Bibl des Phil. Tom. II p. 225. 221. M. Gautier a vû des pelottons de Chauve Souris plus gros qu'un Boisseau.

les promenades nocturnes des Somnan-
bules ou de ces perfonnes qui fe levent la
nuit fans s'éveiller. On en a vû faire
une lieue en dormant, d'autres fe prome-
ner tranquillement fur les toits, fauter
par-deffus des précipices, paffer des Rivieres à la nage. Vous diriez qu'ils dor-
ment profondement & veillent tout à la
fois.

Eudoxe. Apparemment l'imagina-
tion a la meilleure part à ces bizarreries
également furprenantes & dangereufes.
Une grande abondance d'efprits animaux,
qui coulent rapidement la nuit dans les
traces des objets qu'on a vûs le jour, produit dans l'Ame des images vives ; tandis
que les fens, ou la plûpart des fens, font
affoupis. L'Ame frapée fe porte vers les
objets, dont elle aperçoit la fubftance,
pour ainfi dire, fans en voir les circonftances & fans fonger au peril qui l'accompagne. Les efprits animaux obéiffant à
l'ordinaire aux efforts de l'Ame vont fe
répandre dans les Mufcles & mettent le
corps en mouvement. L'imagination qui
repréfente vivement le chemin, le toit,
le précipice, ou la Riviere, dirige la
démarche & les mouvemens du corps, à
peu près comme la Mémoire dirige nos
pas, quand nous voulons aller les yeux

E 6

fermés

fermés par des chemins, & des détours que nous connoissons. La vûe semble y être pour quelque chose malgré l'inaction des autres sens, du moins dans quelques-uns de ces Promeneurs endormis; on en a vû faire leur manege en dormant les yeux ouverts. Je le dis sur le rapport d'un homme d'esprit (*a*) qui se donne pour témoin oculaire. „ Un Gentilhom-
„ me Italien somnambule, d'environ tren-
„ te ans, dit-il, étoit couché sur le dos
„ & dormoit les yeux ouverts. Je le re-
„ gardai long tems. Il se leva & s'habil-
„ la. Je m'approchai de lui : je le trou-
„ vai insensible, les yeux toûjours ou-
„ verts & immobiles. Il gagna la porte
„ de la chambre, descendit, traversa la
„ Cour qui étoit grande, alla droit à l'é-
„ curie, brida son cheval, galopa jus-
„ qu'à la porte de la maison, qu'il trou-
„ va fermée, conduisit son cheval à l'a-
„ breuvoir, l'attacha, revint, entra dans
„ une Salle où il y avoit un billard &
„ fit toutes les postures d'un Joueur.
„ Enfin après deux heures d'exercice sans
„ s'éveiller, il se jetta sur un lit, & con-
„ tinua de dormir.

Pag. 213. l. 24. *l'effort.* Enfin, les

coups

(*a*) Mélanges d'Hist. & de Litter.

coups font d'autant moins fenfibles, que l'enclume eft plus groffe (a). La force des coups étant répandue daus plus de parties, l'enclume defcend moins ; la poitrine s'applatit & fe dérange moins ; & le fentiment répond au dérangement des parties du Corps.

P. 213. l. antep. *fer.*

On donne ordinairement quelque avantage aux Gauchers fur les Droitiers dans les combats finguliers. Cet avantage viendroit-il d'un excès de force ou d'efprits animaux dans le bras gauche ?

Eudoxe. Il vient plutôt, ce femble, de l'habitude dans les uns, & d'un défaut d'habitude dans les autres. Les Gauchers font accoûtumés à s'exercer avec des Droitiers. Les Droitiers n'ont pas coûtume de s'exercer avec des Gauchers ; Ceux-ci font rares. De-là, quand on en vient aux mains, nulle attitude nouvelle, rien de nouveau qui furprenne, embarraffe, déconcerte les Gauchers ; les Droitiers, au contraire, font furpris, embarraffes, déconcertés par une attitude nouvelle : la nouveauté les étonne ; la crainte

les

<hr>

(a) Comme l'obferve le P. Tylcowfchi, Jefuite. *Philofophia Cur.* Journal des Savans 1682. p. 74.

les faifit, la réflexion eft moins libre, & la victoire plus incertaine.

P. 217. l. antepenult. *corps.*

Ordinairement le corps fe defféche dans la vieilleffe; & la vieilleffe eft bien le mal le plus irrémédiable.

Eudoxe. 1. Dans le cours des années, plufieurs parties des fucs nourriciers s'accrochent les unes les autres infenfiblement, & s'infèrent tellement les unes dans les autres, qu'elles compofent des molécules compactes, roides, & dures. Les fibres tiffues de ces molécules, en font moins fouples; moins fouples, elles font moins propres à donner accès à la Lymphe & aux fucs: de-là, la féchereffe.

2. Les conduits defféchés & moins abbreuvés verfent moins d'Acides dans l'Eftomac pour la digeftion. La digeftion en eft plus lente & moins efficace. De-là, moins de chyle, moins de fang.

3. Une moindre quantité de fang donne moins d'efprits animaux pour l'action des nerfs & des mufcles defféchés. De-là, la foibleffe des perfonnes avancées en âge.

4. La foibleffe aime l'inaction; dans l'inaction les humeurs s'épaiffiffent. De-là, les obftructions, la Goute, la Gravelle,

velle, les Paralyſies, & bien des miſéres propres d'un âge, où tout le monde aſpire.

Enfin, ſi

P. 220. l. 21. *communication.*

Un Remede célébre pour les bleſſures, c'eſt la Poudre de Sympathie. On dit qu'elle guérit une playe à quelque diſtance. Cette Poudre fameuſe eſt de la Poudre de Vitriol diſſoute dans de l'eau, où l'on trempe un ruban teint du ſang du Bleſſé; tandis qu'on ne fait que tenir la playe nette, & dans un état tempéré. Le Secretaire du Duc de Buckingham ayant été dangereuſement bleſſé à la main en Angleterre; le Chevalier Digby trempa dans une diſſolution de Vitriol un ruban impregné du ſang de la playe. L'inflammation ceſſa tout d'un coup. Il leva l'appareil. Il fit tenir ſeulement la playe nette, ſans chaud, ſans froid. Et l'on aſſûre (a) qu'en peu de tems le Bleſſé ſe trouva guéri.

EUDOXE. Suppoſons le Fait, Ariſte. Les eſprits du Vitriol & du Sang incorporés enſemble, évaporés, & diſperſés dans l'Air, comme tant d'autres exhalaiſons,

____

(a) Hiſtoire des Ouvrages des Savans, Mai 1697. page 402.

sons, qui causent les nuages, les maladies, les odeurs, se réuniroient-ils en grand nombre sur la playe, où ils auroient un accès facile, à peu près, comme la Matiere Magnétique le réunit dans un corps qui lui donne un facile accès? Les esprits plus déliés pénétreroient-ils, dégageroient-ils les petits tuyaux du sang vers la surface de la playe? Des esprits plus massifs empêcheroient-ils dans la surface une transpiration excessive, pour fortifier & faciliter le cours du sang? Dès que le sang a repris son cours ordinaire dans la partie blessée, elle est guérie.

P. 221. l. 2. *Tartares.*

Les Moscovites ont aussi leur Remede. Un malade s'étend tout de son long dans un four chaud (*a*). Il en sort pour respirer; il y rentre. La chaleur le fait suer, & chasse avec la sueur l'humeur maligne. Enfin presque roti, rouge comme une Ecrevisse, il va se couvrir de neige, ou se jetter dans la Riviere. Le froid de la neige ou de l'eau resserre les pores ouverts par la chaleur, empêche l'air extérieur d'y pénétrer, de glacer le sang, ou d'y porter des corpuscules capables de l'altérer.

(*a*) Mém. sur l'état présent de la Grande Russie, Mém. de Trev, 1725. Août. p. 1502,

l'altérer. Le fluide intérieur, néceſſaire pour animer le corps, ne peut ſe diſſiper par les pores fermés. Il coule librement dans les vaiſſeaux : & voilà le malade guéri. Les Sauvages de Canada guériſſent de même, à peu près. Comment ces Sauvages & les Moſcovites ſe ſont-ils communiqué leur remede (*a*) ?

P. 221. l. 7. *Quinquina* (*b*) ;

Ibid. l. 8. *intermittentes.*

Un Fébrifuge, qui doit paroître à bien des gens d'autant moins efficace qu'il ne vient pas de ſi loin tout à fait, & qu'il ne coûte rien, c'eſt l'eau fraîche. Selon les expériences d'un Anglois (*c*), l'eau fraîche eſt un Sudorifique excellent. Donnée à propos, c'eſt-à-dire, le premier ou le ſecond jour ; & venant à ſe mêler avec le ſang, elle fermente ou remplit les vaiſſeaux, de maniere qu'elle cauſe une ſueur

qui

(*a*) Cela favoriſe la penſée de ceux qui croient que l'Amérique s'eſt peuplée par le Nord de l'Aſie

(*b*) Le Quinquina eſt l'écorce d'un Arbre du Pérou, ſouveraine contre les Fievres intermittentes, apportée à Rome en 1649. par quelques Jeſuites Miſſionnaires venus de l'Amérique En Angleterre on nomme ce Remede, *la Poudre des Peres Jeſuites.* Il ne laiſſe pas d'y être ſalutaire. On le prend tantôt infuſé, tantôt en pillules, après l'accès de quatre heures en quatre heures, ou de ſix en ſix heures. Il diſſout la matiere fievreuſe ſans fermentation ; & fait couper la Fievre, ou prévenir ſon retour.

(*c*) M. Hancocke. Le grand Fébrifuge. A Londres 1722. Mém. Lit. de la Grande Bretagne. Tom. XIII. p. 224.

qui emporte & la matiere vitiée, & la fievre. Une demi-pinte fait fuer un enfant.
Il en faut une pinte ou deux pour un
homme. La Toux, le Rhume, la Jau-
niſſe, le Rhumatiſme, la Fievre, rien
ne tient contre une certaine doſe d'eau
fraîche. La peſte même ne fera-t-elle pas
forcée de ceder?

P. 221. l. 15. *quelquefois.* Un habile
Philoſophe dit qu'il a vû de ſes yeux (*a*)
un jeune homme dans un accès de fievre,
s'irriter furieuſement d'un diſcours indé-
cent, trembler de colere, ſuer, & guérir
auſſi-tôt.

P. 221. l. penult. *efforts.*

Et ne dit-on pas (*b*) que le fils de Cré-
ſus, ayant perdu l'uſage de la parole, parla
tout à coup, au moment qu'il vit qu'on
alloit verſer le ſang de ſon Pere; & que
dans un tranſport de frayeur il s'écria:
Gardez-vous de toucher à la Perſonne du Roi?

P. 222. l. 12. *nerfs* (*c*).

Eᴜᴅᴏxᴇ. C'eſt par le même principe,

(*a*) *Oculis meis vidi*, dit le P. Schott. *Phyſ. Cur.* Par. I.
l. 3. p. 465.
(*b*) Herod. *In Chio.* Gell. l. 5. c. 9. Plin. l. 11. c. 51.
(*c*) Les exhalaiſons groſſieres, dont l'Air ſe charge, peuvent cauſer de ces obſtructions dans les vaiſſeaux, & alte-
rer par là le tempérament. Il eſt donc important, & pour
une perſonne, qui ſe porte bien, & pour un malade, de
renouveller, du moins de tems en tems, l'Air de ſa chambre & de ſon cabinet,

pe, à peu près, qu'une bleſſure a rendu la vûe à un Aveugle (*a*). Et cela me rappelle des guériſons aſſez ſingulieres. Un Médecin (*b*) fit dépouiller un homme qui avoit des accès de manie. On lui banda les yeux; on le mit ſous une caſcade de 20 pieds de hauteur ; on l'y tint auſſi long-tems que ſes forces le permirent. Puis, il dormit profondément; & à ſon réveil il étoit guéri. Le même reméde réitéré pluſieurs jours guérit un jeune homme perclus. Un Malade étoit extraordinairement aſſoupi depuis trois ou quatre mois (*c*); on lui faiſoit avaler quelques cueillerées de vin pur ou de bouillons. A peine donnoit-il par intervalles des marques de ſentiment. On s'aviſa, pour le ſurprendre, & le réveiller, de le jetter dans un baſſin d'eau froide; & l'on réuſſit. Le Malade ouvrit les yeux, il regarda fixement, & revint peu à peu. Apparemment l'agitation, la frayeur, le froid auront dégagé des vaiſſeaux trop embarraſſés, ou reſſerré des conduits trop ouverts.

Quoi

(*a*) Aldovrand. *In Hiſt. Monſt.* p. 213. Schott. *Phyſ. Cur.* Par. I. l. 3. p. 490.

(*b*) M. Blair de la Société Royale de Londres, Mém. Lit. de la Grande Bret. Tom. I. p. 212.

(*c*) Hiſt. de l'Acad. an. 1713.

Quoi qu'il en foit, on dit encore que vous trouverez dans l'eau la guérifon d'une Colique bilieufe (*a*). La caufe de cette Colique eft une bile extrêmement raréfiée, qui dilate les Inteftins, en dilatant l'air par fon ardeur, & les irrite par l'action de fes fels. Dans cette irritation, dans cette extenfion les parties des vaiffeaux fe dérangent, & l'Ame eft avertie de ce dérangement par les douleurs les plus vives. L'eau fraîche prife en quantité émouffera l'action des fels, tempérera la bile, condenfera l'air. Les vaiffeaux & les parties des vaiffeaux reprendront leur extenfion & leur fituation naturelle. La douleur & le dérangement cefferont au même tems. Peut-on guérir à moius de frais d'un mal fi violent?

P. 229. l. penult. *liqueur*. On veut auffi que la Pierre verte qui fe tire du fleuve des Amazones dans l'Amérique, ait quelque efficace pour guérir un mal fi douloureux. Cette Pierre n'eft dans le fond de l'eau, qu'un limon verdâtre très fin, & fufceptible de différentes figures. Ses parties féparées par celles de l'eau, font dociles aux impreffions qu'on leur donne.

(*a*) Traité des Vertus Médecinales de l'Eau commune, par M. Smith.

donne. On donne diverses figures au limon dans l'eau. Les Amazones, qui habitent une petite Isle très fertile & très belle dans le Fleuve, qui porte leur nom, plongent au tour de leur Isle, vont chercher au fond de l'eau le limon, & le figurent à la main dans l'eau même. Mais dès qu'il est hors de l'eau, ses parties, qui ne sont plus séparées par une cause étrangére, mais qui sont poussées les unes vers les autres par l'action de l'Air extérieur, se collent les unes aux autres, ou s'enchassent tellement qu'il se durcit comme le Corail. Et c'est une pierre si dure que la Lime peut à peine y mordre. On lui trouve des qualités merveilleuses; attachée à la cuisse, elle guérit de la Sciatique; appliquée sur les reins, elle est souveraine pour la Pierre & la Gravelle. Mais sa vertu principale & la plus averée, c'est de guérir de l'Epilepsie quand on la laisse pendre au col immédiatement sur la chair. Le P. de la Neuville dit (*a*) qu'il en a fait l'épreuve avec succès sur un enfant attaqué de ce mal. La Pierre Verte attireroit-elle dans ses pores la matiere qui cause les obstructions pernicieuses,

_____

(*a*) Let. du P. de la Neuville Jes. sur le Fleuve des Amazones, & la Pierre verte, Mém. de Trev. Nov. 1722. p. 1820.

nicieufes, ou la matiere deliée qui fort de fes interftices iroit-elle diffoudre la matiere qui caufe les obftructions? Il ne feroit pas étonnant, cela fuppofé, qu'un Hollandois eût vendu cinq mille livres, comme il a fait, une Pierre du Fleuve des Amazones.

P. 231. l. 9. *bleffure*. Et l'on dit (a) que les Ameriquains, étant bleffés à la chaffe par des animaux venimeux, allument de la poudre à canon fur la playe.

Ibid. l. 14. *Vipere* (b).

Ibid. l. 23. *interftices*.

Eudoxe. Lécher la playe faite par la Vipere, c'en eft encore le reméde. Rhedi (c) fit mordre un chien fur le nez par une Vipere; & le chien, à force de lécher fa playe, la guérit. N'y avoit-il pas autrefois des gens qui faifoient métier de fucer les playes des perfonnes mordues

par

(a) Hift. Acad. 1693.

(b) Selon les Obfervations de M Mead, Médecin Anglois, le poifon de la Vipere eft une liqueur jaunâtre enfermée dans les gencives de la machoire fupérieure. Dans l'effort de la morfure, les véficules des gencives fe refferrent. Dans la compreffion, la liqueur venimeufe s'exprime par une petite fente femblable à celle d'une plume à écrire. Elle eft compofée de quantité de particules cryftallines, folides, fort agitées. Ramaffée fur un Cilindre de verre, qu'on donne à mordre à la Vipere irritée, & verfée dans la playe d'un animal, elle eft mortelle. Une petite goute feroit périr un homme. *Traité méchanique des poifons* Journal des Sav. 1705. Sept. p. 612.

(c) Rhedi, Journ. des Sav. du 4. Jan. 1666,

par les Serpens? Le poifon eft mortel
quand il s'infinue dans une playe. Le
Sang, qui circule, le prend, & le fait
paffer avec la mort jufques dans le fein.
Mais fouvent le poifon n'eft point poifon,
pour ainfi dire, quand on l'avale. Rhedi
nous affûre qu'il a fait avaler impunément
à des bêtes ce que l'on eftime de plus venimeux dans la Vipere.

ARISTE. Le venin qu'on avale impunément, fe noye donc dans des matieres épaiffes qui émouffent fes pointes tranchantes, & qui l'altérent, ou qui l'empêchent de paffer jufques dans le fang?

EUDOXE. Les Opérateurs font un
peu Charlatans, lorfqu'ils fucent le fang,
le fuc des animaux venimeux, pour faire valoir leur Antidote. Caton plus fin-
cere harangue fes foldats en Phyficien,
quand, pour les engager à boire d'une
eau néceffaire, mais pleine de Serpens, il
leur dit dans Lucain:

Noxia Serpentum eft admiffo Sanguine
peftis.
Morfus virus habent, & fatum dente mi-
nantur :
Pocula morte carent.

Auffi

(a) L. 9. V. 614.

Auſſi ne craignit-il pas d'en boire le premier.

> *Dixit: dubiumque venenum*
> Hauſit.

P. 2 3 3 l. 24. *chaude* (a).

Quelquefois, on prévient le danger d'une maladie, en précipitant la maladie même. *Par exemple*, en Angleterre on pratique depuis quelque tems l'art de donner la petite verole aux enfans; afin que l'ayant dans un âge tendre, où cette maladie n'eſt pas dangereuſe, ils ne courent point le riſque de l'avoir dans un âge, où ſouvent elle eſt funeſte. C'eſt une forte de ſecret qui n'eſt pas bien recent à la Chine. Il eſt en uſage dans ce vaſte Empire, du moins depuis un ſiécle (b).

ARISTE. Hé, comment s'y prennent les Chinois pour faire une pareille opération?

EUDOXE. 1. Quand un enfant, depuis un an juſqu'à 7 incluſivement, à une petite verole heureuſe & clair-ſemée, on

(a) M. Duhamel dit dans l'Hiſtoire de l'Académie des Sciences 1693. qu'il a vû des perſonnes mordues par des chiens enragés ſucer le ſang de la playe, mettre deſſus du ſel, qu'on boit avec un linge, & guérir par ce moyen.
(b) Let. édif. & cur. p. 305. Recueil 20.

on en recueille quelques écailles deſſé-
chées, ſur la poitrine particuliérement,
ou ſur le dos. On les enferme dans un
vaſe de Porcelaine, dont l'on ferme bien
l'ouverture avec de la cire. 2. On prend
quatre de ces écailles, ſi elles ſont petites;
deux, ſi elles ſont grandes. On y mêle
un peu plus d'un grain de Muſc, en ſorte
que le Muſc ſe trouve preſſé entre deux
écailles. Apparemment on employe le
Muſc, parce que le Muſc étant fort ſpi-
ritueux, il ſert de Véhicule aux parties
inſenſibles du levain deſtinées à cauſer
dans le ſang & dans le corps, avec le levain
qu'on apporte en naiſſant, la fermentation, qui doit faire ſortir les puſtules. Le
tout ſe met dans du cotton en forme de
tente, qu'on inſinue dans le nez, &
qu'on y laiſſe, environ trois heures Les
Narines ſont comme les Sillons, où les
Chinois jettent, pour ainſi dire, la ſe-
mence de la maladie qu'on veut avancer.
Quelquefois on pulveriſe les écailles. On
les mêle avec un peu d'eau tiéde, on en
fait une pâte, on l'envelope de cotton
délié; & on la laiſſe dans le nez pendant
6 heures.

L'Opération ſe fait à la Chine, non
pas, comme en Angleterre, par une in-
ciſion, qui porte le ferment immédiate-

ment dans le fang ; mais par l'infpira-
tion.

L'Opération ne fe fait point pendant
l'Eté. L'on choifit des Saifons, où les
efprits vitaux étant moins diffipés, & plus
réunis au dedans, donnent plus de forces
pour le fuccès de l'Opération.

C'eft fur de petits enfans, qu'elle fe
fait, depuis l'âge de trois ans fur-tout,
d'un an du moins. Il faut qu'ils foient
fains & robuftes ; fains, afin que le levain
artificiel ne trouvant pas trop de matiere
difpofée à fermenter, la fermentation ne
foit pas exceffive ; robuftes, afin de foûtenir l'effort d'une fermentation précipi-
tée.

Pour guérir la maladie que l'art a fait
naître, on ufe des remedes, que l'on pref-
crit pour la maladie naturelle. On tient
le Malade dans un certain degré de chaleur, qui puiffe aider à faire fortir la matiere vitiée. On a foin de le garantir du
vent & du froid, qui pourroit arrêter la
fortie en refferrant les pores. On donne
des cordiaux. Jamais de faignée. La
faignée n'eft point en ufage parmi les
Chinois.

En 1724. l'Empereur de la Chine re-
gnant envoya des Médecins du Palais en
Tartarie, pour procurer aux enfans la
maladie

maladie dont il s’agit ; & l’on aſſûre que l’exécution eut du ſuccès.

P. 234. l. 1 *contagion.*

ARISTE. Une contagion également célébre & rédoutable, c’eſt la peſte. Croyez-vous, Eudoxe, que la peſte ſoit une vapeur maligne, ou un amas de petits Inſectes venimeux ?

EUDOXE. Une vapeur maligne ſe tranſporteroit-elle ſi loin ſur un vaiſſeau ? tranſportée ſi loin ſur un vaiſſeau, ſe repandroit-elle ſi généralement ? Mais la fécondité des Inſectes eſt prodigieuſe En très peu de tems, ils peuvent ſe multiplier à l’infini, ſe répandre & porter le ravage partout. Une perſonne a dit à un de mes Amis que dans la derniere peſte de Marſeille, elle avoit aperçû proche de la Ville, un ſombre nuage de petits inſectes qui fondoient ſur un moulin, où, fort peu de tems après, il mourut trois ou quatre perſonnes. La frayeur augmente le mal. Apparemment elle reſſerre les conduits des eſprits & du ſang, dont le cours eſt embarraſſé d’ailleurs, retardé en divers endroits, interrompu par le mêlange des animaux peſtilentiels. L’uſage de la chair eſt dangereux (*a*). Les petits

F 2

ani-

______

(*a*) 31. Vol. des Mém. Phil. de la Société Royale de Londres. Mém. Liter. de la Grande Bret. Tom XI p. 17.

animaux, qui y trouvent la vie, pourroient y faire trouver la mort. On dit (a) que le mal se communique moins dans le voisinage des Mines de Vif-argent. Les exhalaisons du Vif-argent feroient elles périr de petits animaux meurtriers? Les Maisons, les Appartemens propres, sont moins sujets à la contagion : seroit-ce par-ce que les Insectes si petits, mais si formidables, y rencontreroient moins d'exhalaisons, moins d'alimens capables de les attirer & de les arrêter? Un Flambeau allumé devant vous détourne le péril, en dissipant les animaux qui pourroient vous empoisonner. Un peu de Quinquina en poudre mêlé avec de la confection d'Hyacinthe, l'odeur du Vinaigre, l'huile d'Ambre, que l'on porte aux Narines, l'usage du Vin & du Tabac, la Theriaque, l'Eau de Vie, le suc d'Ail, des Oignons ; tout cela peut être ennemi des Insectes meurtriers. Aussi, tout cela est salutaire. La liberté de l'esprit tient les vaisseaux ouverts, & facilite par-là le cours ordinaire du sang, qui produit & entretient dans tout le corps la santé & la vie.

ARISTE. Les conditions, les états, les arts ont leurs maladies propres. Ordinairement,

____

(a) Bibl. des Phil. **Tom. II. p.** 450.

nairement, dans les gens de Lettres l'application fixe les esprits animaux, l'Estomac n'en n'a point assez pour digérer. La posture courbée, où l'on a coûtume de se tenir, quand on écrit, ou qu'on lit, le gêne; l'exercice manque, la vie est trop sédentaire. De-là les indigestions, les humeurs, les fluxions, la goute, & la gravelle font des maux, que bien d'habiles gens ne savent pas prévenir.

Eudoxe. Je me souviens d'un Médecin (*a*) qui leur donne quelques avis là-dessus. 1. Il recommande à tous les Gens de Lettres de n'étudier point dans des Cabinets trop petits, sur-tout à la chandelle, parce que les exhalaisons portées, par l'Air qu'on respire, dans les conduits du Poumon, y causent des obstructions & des difficultés de respirer. 2. Il condamne les Gens de Lettres à prendre médecine de tems en tems, pour se délivrer des crudités, qui font les suites de l'application & du repos. Mais, pour corriger les Acides du sang, pour reparer les esprits, qui s'épuisent dans l'application, & pour fortifier l'Estomac, il ordonne le Chocolat.

P. 234.

( ) M. Ramanzzini *De morbis artificum.* Journ. des Sav. 1709. Juillet p. 446.

F 3

P. 234. l. 4. *Corps.* Dans l'inaction, le sang, qui n'est point assez agité, ne peut pousser dehors les humeurs, dont il est chargé. De là, les Obstructions, les Abscès, les Rhumatismes, les Paralysies, les Letargies, les Apoplexies &c. L'exercice prévient, fait exhaler & dissipe les humeurs nuisibles. Ne voyons-nous pas tous les jours l'Artisan laborieux jouir d'une santé parfaite, tandis que le Riche oisif est en proye à la douleur? Une diéte réglée; la promenade si propre à ranimer dans la vieillesse la chaleur naturelle, qui s'éteint, & à faciliter dans la jeunesse la transpiration qui la purge; un doux repos animé par quelque exercice, & un naturel gay, peuvent tenir lieu de remedes & de Médecins. Aussi, selon les observations d'un Médecin Italien (*a*), les Médecins sont de tous les Gens de Lettres, les moins sujets à être malades. Jamais ils ne sont plus indisposés que tandis que tout le monde se porte bien. Il est vrai que dans le tems des maladies, ils sont plus exposés au mauvais air: mais l'exercice qu'ils font, & la joye de ne travailler jamais inutilement leur servent d'An-

(*a*) M. Ramazzini, Professeur en Médecine à Padoue. *De morbis artificum.* Journ. des Sav. 1703. Juillet. p. 446.

d'Antidote. Le plaisir, non pas de nous voir languir, mais d'avoir l'occasion de nous rendre service, contribue beaucoup à la santé de ceux qui s'occupent de la nôtre.

ARISTE. Les précautions que l'on prend, les secours des Médecins, & l'efficace de leurs remedes peuvent différer la mort : mais Democrite différa le moment de sa mort d'une maniere assez singuliere. Ce Physicien célébre, tout cassé de Vieillesse, hors d'état de prendre des nourritures solides, ayant observé sur le visage de sa sœur le chagrin qu'elle avoit de le voir sur le point de fermer les yeux à la lumiere durant les fêtes de Cerès, il l'avertit de ne se point chagriner, qu'elle pouvoit se trouver aux cérémonies publiques, & qu'il prolongeroit sa vie jusqu'après les fêtes, pourvû que chaque jour on lui apportât du pain chaud. On le fit, & il tint parole. Il se nourrit trois jours en respirant seulement les corpuscules que le pain chaud exhaloit, & que la respiration distribuoit dans un Corps languissant.

EUDOXE. C'est prolonger ses jours en Physicien. Mais portons enfin nos pensées sur des objets plus réjouïssans que des remedes. Les organes des sens, les

faveurs

faveurs & les odeurs nous rappelleront des idées moins triftes.

P. 236. l. 11. *bras*. Ce Poiffon fe cache dans le fable, comme pour tendre des pieges aux Poiffons, qu'il frape dès qu'ils le touchent fans fe défier du péril qui les menace. Bientôt, engourdis & immobiles, ils deviennent la proye d'un ennemi, dont les coups font également redoutables & imperceptibles.

P. 238. l. 2. *aboutir-là*. Quelquefois le Toucher eft fi délicat qu'il fupplée à la vûe dans les chofes, où elle paroît le plus néceffaire On parle (*a*) d'une jeune perfonne aveugle prefque dès la naiffance, mais fort fpirituelle, qui apprit, au toucher feul, à écrire. On lui grava fur un Ais les Lettres de l'Alphabet affez profondément pour difcerner les figures avec les doigts. A force de fuivre les traces avec les doigts, & de les imiter avec le crayon, elle acquit l'habitude de former les caractéres, de les lier, enfin d'écrire à les Amis & en François & en Latin; elle écrivoit avec un crayon. Un chaffis fait exprès tenoit le papier ferme, & guidoit la main pour faire les lignes droites.

P. 242.

(*a*) Journal des Sav. 1680. Mars p. 96.

P. 242. l. 15. *marché*. Et l'on parle (a) d'un Chasseur aveugle qui dirigeoit la chasse d'un Roi d'Espagne, & découvroit à ceux qui avoient les yeux bons, la retraite des animaux & des bêtes fauves.

P. 244. l. 14. *l'organe :* d'où vient que certaines personnes, qui ont les fibres de l'odorat fort tendres, ne sauroient souffrir l'odeur du fromage, ni d'autres choses semblables.

P. 245. l. 13. *blesser*.

On voit assez dans le même principe, pourquoi quelquefois le mélange & la trituration de deux substances, qui ne sentent rien séparément, comme le Sel Armoniac, & le Sel de Tartre, leur donne une odeur très pénétrante.

Ibid. l. 20. *sonnettes*. Ils ont la queue terminée par plusieurs petits corps durs (b), unis deux à deux, envelopés d'une membrane mince, transparente, & sèche, qui dès que le Serpent se meut, & que les petits corps se choquent, fait du bruit, & avertit par-là du péril où l'on est.

P. 246.

(a) *De rebus Alphonsi Reg. l. 3. Audivimus à R. e A Phi.*
(b) Voyages du P. Labat en Italie. Tom. 1. p. 215.

P. 246. l. 6. *esprits*.

Si le mêlange de certaines odeurs avec le fang, y caufe une fermentation qui gonfle les vaiffeaux du fang ; les vaiffeaux du fang gonflés dans la tête, prefferont & fermeront ceux des efprits. Les efprits n'y couleront plus comme auparavant. Les nerfs fe relâcheront, faute d'efprits. Le Corps languira dans l'inaction. Plus d'impreffions fenfibles dans le Cerveau, plus de fenfations jufqu'à ce que la fermentation ceffe ; & ce fera un évanouiffement.

De-là, l'odeur de la Rofe même, de la Tubereufe, des fleurs d'Orange, l'odeur la plus douce & la plus exquife renverfe le tempérament le plus robufte. De-là, tel Guerrier brave l'Ennemi, répand la terreur, & ne craint ni le feu, ni le fer ; à qui le cœur manque, dès qu'il fent l'odeur d'un certain mets excellent au goût.

ARISTE. Quelquefois les odeurs enyvrent. Tantôt les particules du vin, qui voltigent, qu'on refpire, & qui gagnent l'intérieur de la Tête, agitent fortement les traces des idées ; tantôt ces corpufcules bouchent les conduits des efprits. De-là, les idées bifarres, mal-afforties, & vives, qui occupent toute l'atl'attention. De-là, les raiſonnémens inſenſés, la démarche mal-affermie, les traits ridicules de l'yvreſſe.

P. 249. l. 25. *l'eſprit.*

EUDOXE. Mais, où placez-vous les parties eſſentielles de l'Organe de l'Ouïe? Ce n'eſt apparemment ni dans les Oſſelets, ni dans la Membrane du Tambour. Des Malades ont eu les Oſſelets exfoliés par un ulcére, ſans devenir ſourds; & l'on entend, lors même que la Membrane du Tambour eſt ouverte. Un Académicien de Londres (a) dit qu'il a vû un homme fumer une pipe entiere de Tabac, dont la fumée ſortoit par les Oreilles. Chacune des Oreilles avoit donc la Membrane du Timpan ouverte; & la fumée paſſant de la bouche dans le canal, s'exhaloit par l'ouverture de la Membrane. Le Fumeur de Tabac ne laiſſoit pas d'avoir l'oreille bonne. ,, Cela, continue l'Académicien, ,, me fit naître la penſée de rompre la ,, membrane du Tambour des oreilles ,, d'un chien; ce qui ne détruiſit point ,, ſon ouïe; mais pendant quelque tems ,, il

(a) M. Cheſelden de la Societé Royale de Londres. Anatomie du Corps humain, Seconde Édition. A Londres, 1722. Mém. Litt. de la Grande Bretagne. Tom. X. p. 493.

„ il parut avoir une grande horreur pour
„ les Sons".

ARISTE. C'eſt-à-dire, que la Membrane du Tambour amortit, par ſa conſiſtance, la force de l'impreſſion, pour la faire paſſer par l'efficace de ſon reſſort juſqu'à l'Organe de l'Ouïe, ſans le bleſſer.

P. 250. l. 5. 6. *foiblement.*

EUDOXE. Un Medecin célèbre, (a) dit qu'il doit aux eaux de Paſſy, la guériſon d'une ſurdité, & qu'il connoît une perſonne qui a trouvé dans la même ſource le remede au même mal.

ARISTE. Une obſtruction dans les petits vaiſſeaux, qui vont ſe diſtribuer dans la Membrane du Tambour, fait que la Membrane ſe relâche, faute d'eſprits

ou

(a) M. Vinſlow. „ 1. Je commençai, dit-il, par boire
„ quatre grands verres, chacun d'environ huit onces, met-
„ tant entre chaque verre environ un quart d'heure d'in-
„ tervalle Augmentant chaque jour d'un verre, & plus,
„ je montai juſqu'à neuf, & je continuai cette quantité
„ juſqu'à ce que je me trouvaſſe gueri. Alors, je diminuai
„ par jour un verre & davantage, & je finis par la quan-
„ tité que j'avois bue en commençant. Ordinairement j'ai
„ bû froid.... 2. J'ai employé (les eaux) en ſuffumiga-
„ tion. Je les faiſois chauffer, & par le moyen d'une eſ-
„ pece d'entonnoir, ... j'en conduiſois les vapeurs dans la
„ partie affligée Pluſieurs fois,... j'ai laiſſé tomber les
„ eaux goute à goute ſur l'oreille. J'en ai fait tomber
„ quelques goutes chaudes, même de froides, dans le con-
„ duit de l'oreille." Après un mois, M. Vinſlow fut en-
tièrement gueri. *Lettre de M. Vinſlow, Mém. de Trevoux,*
1723. P. 333.

ou de fucs, & devient incapable de faire
paffer jufqu'à l'organe de l'Ouïe des vibrations efficaces : ou bien une obftruc-
tion dans les extrêmités des petites artéres, qui arrofent l'Organe de l'Ouïe,
comprime les petits nerfs de cette Organe, empêche le cours des efprits ; & les
vibrations fonores ne peuvent paffer jufqu'au fiege de l'Ame. Or les eaux de
Paffy font ferrugineufes (*a*), propres à
trancher, à diffoudre les parties groffieres, à lever les obftructions. Portées avec
le fang jufqu'aux obftructions, elles di-
vifent, diffolvent les parties groffieres qui
bouchent le paffage, les atténuent, les
entraînent peu à peu, les faifant circuler
avec le fang qui s'en délivre par les fueurs,
ou par les autres voyes. Et l'Organe dé-
barraffé redevient fenfible au Son.

P. 253. l. dern. *viteffe.*

On a frapé l'Air même avec un fouet
(*b*), à coups fi preftement réitérés, fi variés, qu'on jouoit, pour ainfi dire, toutes fortes d'airs : n'étoit-ce pas des vibrations de l'Air fortes & promptes qui faifoient

(*a*) Entretien VII. Tom. II. p. 144 Mém de Trev. 1723.
P. 346.
(*b*) *Voffii Obfervationes*, Rép. des Lettres, Tom. I. page
357.

foient une efpece de Mufique d'un goût affez nouveau?

Hé! comment de fi petits Infectes, que les Grillons, font-ils un fi grand bruit? Ils ont fous les aîles (*a*) une petite membrane féche, qui fe plie comme un éventail; elle tient au tendon d'un mufcle, qui s'accourcit & s'allonge. Ce mouvement alternatif & prefte forme dans la membrane des plis alternativement retrécis & élargis. L'Air chaffé dans la contraction, avec beaucoup de vîteffe & à différentes reprifes, revient de même dans la dilatation. De-là ces vibrations qui produifent un fon fort, clair, perçant (*b*); mais dont l'uniformité vous endort plutôt qu'elle ne vous réveille.

P. 255. l. 9. *Sons.*

Comment, avec une petite phiole de Verre, groffe comme une noifette à peu près, peut-on imiter le bruit d'un coup de Piftolet?

1. A la lampe de l'Emailleur, on fait fondre le bout d'un tuyau de verre affez mince. On foufle dans le tuyau; le bout
fondu

***

(*a*) Selon les Obfervations de M. Konig. *Mifcellanea curiofa Academiæ curioforum.* 1685. Rép. des Let. Sept. 1686. Tom. VI. p. 1008.

(*b*) Une main adoite peut renouveller en quelque maniere ce cri fur un Grillon mort, *Ibid.*

fondu s'élargit par l'action de l'haleine, ou de l'air qui fait effort pour s'étendre en tous fens. On laiffe à la petite boule, un col, qui fuffit pour la tenir.

2. Tandis que la phiole fe refroidit, on met l'extrêmité du col ouverte dans du vinaigre, ou dans de l'eau impregnée de falpêtre, ou dans de l'Efprit-de-Vin, on laiffe entrer un peu de ce Fluide, pouffé par l'Air extérieur, plus fort que l'Air chaud de la phiole. Puis, on la ferme hermétiquement en la faifant fondre à la Lampe.

3 L'on met la petite phiole fur des charbons, qui ne foient pas trop ardents, afin que le verre ne fe fonde point d'abord, ou bien dans de la cendre chaude. Après quelque tems, la chaleur raréfie le Fluide qu'on a fait entrer dans la phiole, & l'Air intérieur. La raréfaction brife enfin la phiole. En la brifant brufquement, elle comprime violemment l'Air extérieur. L'Air extérieur comprimé fe dilate ; & par fes mouvemens alternatifs de compreffion & de dilatation, il frape, il agite l'organe de l'Ouïe avec tant de force, que vous diriez que c'eft un coup de Piftolet.

ARISTE. Ces efpeces de petits petards ont quelque chofe d'affez fingulier. Mais

P. 255. l. 24. *l'Air.*

De-là, les parties des corps les plus vastes s'agitent, & agitent l'air plus aisément que vous ne pensez. Quelquefois pour n'être pas surpris par la Cavalerie ennemie, il suffit de mettre un dé sur un tambour (*a*). Quand la Cavalerie ennemie approche, le dé saute. Tous les environs agités par le mouvement des chevaux, en font passer l'impression jusqu'au tambour, & jusques au dé, dont le trémoussement découvre le peril, & prévient la surprise.

P. 256. l. 20 *parts.*

Le Son se répand jusques dans l'eau même ; l'air enfermé dans les interstices de l'eau l'y porte jusqu'aux oreilles des Plongeurs. Hé, Pline ne dit-il pas (*b*) que dans les étangs de l'Empereur, il y avoit des Poissons qui se montroient & venoient dès qu'on les appelloit, & à mesure qu'on les appelloit, par leur nom ? Pline raconte encore un Fait de cette espece (*c*) plus merveilleux & moins vraisemblable, mais sur un grand nombre de témoignages ; un autre Auteur (*d*) dit, ce semble,

(*a*) Le P. Grimaldi *Physico-Mathesis de lumine.* Journal des Sav. 1666. Août. p. 412.

(*b*) L. 10. c. 70. *Ad nomen.*

(*c*) L. 9. c. 8.

(*d*) Apion. l. 5. Gellius l. 7. c. 8. p. 412.

femble, avoir été lui-même témoin du Fait. Un enfant alloit de Baies proche de Naples à Pouzol apprendre les Belles Lettres. Il apriyoifa tellement un Dauphin du Lac voifin (*a*) que le Dauphin prenoit chaque jour de la nourriture de fa main. Dès que l'enfant appelloit *Simon*, c'étoit le nom du Dauphin, *Simon* venoit du fond des Eaux. Donc....

ARISTE. Vous n'achevez point l'hiftoire de l'animal le plus reconnoiffant. Je la fai; fa reconnoiffance me touche, & j'en parle volontiers. J'aime à le voir inviter fon Bienfaicteur à s'affeoir fur fon dos, le porter à la nage, le reporter de Baies à Pouzol, de Pouzol à Baies. Ce commerce de bons offices, qui dura plufieurs années, ne devoit finir, comme il fit, qu'avec la vie. La mort enleva l'enfant; le Dauphin en mourut. Mourut-il faute de nourriture ordinaire, ou de trifteffe? Pline le fait mourir de regret. La mort en eft plus belle. Si l'Hiftoire a un peu l'air de fable, le rapport d'un témoin oculaire me raffûre un peu.

P. 257. l. 18. *fecret.*

Suppofons que les deux murs [*a*] [*b*] *Fig.* 59. du Salon diametralement oppofés

(*a*) Lac Lucrin.

fés font enfoncés ou creux en forme de ligne parabolique. Chacun réfléchit les lignes fonores vers un point [g] [h]. Vous êtes dans un point [h] ; je fuis dans l'autre. Vous regardez un [h] des murs. Je regarde l'autre [a]. Je parle bas : les rayons fonores, réfléchis à angles égaux aux angles d'incidence par divers points *nopq* de la muraille qui eft vis-à-vis, vont parallélement tomber fur autant de points *rftu* de la muraille oppofée, qui les dirige vers l'endroit [h] où vous êtes ; & vous m'entendez. Vous parlez bas : je vous entends par la même raifon. Et par la même raifon, nous entendrons quiconque parlera dans le Salon, ou dans une Galerie faite fur ce modele. Par le même principe encore, on peut faire un Salon tellement voûté, que les fons partis de divers endroits *lmno Fig.* 60. viennent fe réunir dans le même point *f* ; ou qu'un Son parti d'un point *f* aille fe répandre en divers endroits *lmno*.

P. 257. l. 21. *l'Echo ?* Sur-tout de l'Echo de Charenton, qui répete, ou qui repetoit treize fois la même chofe ; de ces Echos que l'on dit avoir ouï répéter le
même

(a) *Mag. Univ.* Part. II. p. 143. 145.
(b) Ibid.

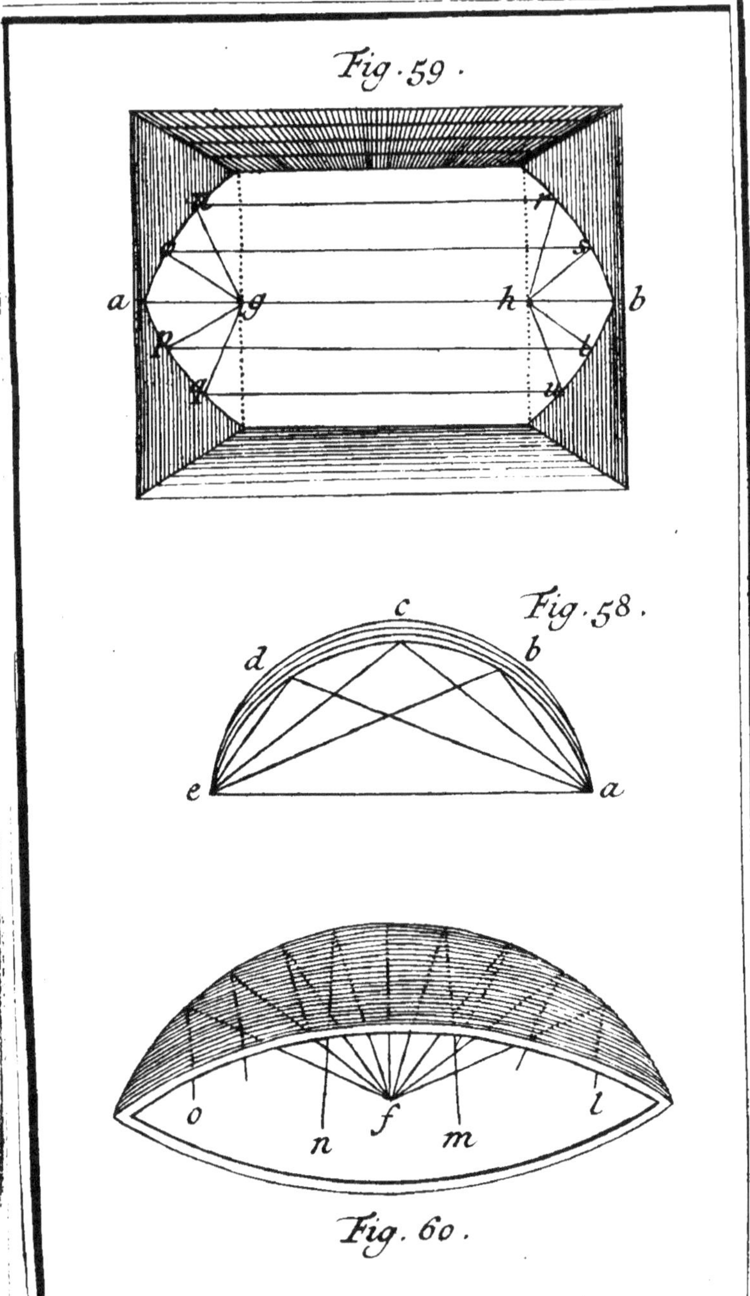

Fig. 59.
Fig. 58.
Fig. 60.

même mot jusques à 20, à 30 fois; de cet Echo proche d'Ormeſſon, qui répétoit 14 ſyllables le jour, 7 la nuit (*a b*).

P. 258. l. 26. *reçoit.*

Ariste. Quand l'Air eſt plein de vapeurs, quand il nége, ou que le tems eſt ſombre, ne diroit-on pas que le ſon vient de plus loin?

Eudoxe. Alors, le ſon qui perce un milieu plus épais, en eſt plus affoibli, lorſqu'il frape nos ſens; plus foible, il reſſemble plus à celui qui vient de plus loin. De-là nous jugeons naturellement qu'il vient de plus loin.

P. 259. l. 14. *l'axe.*

De-là, ſi vous parlez par l'orifice d'un tuyau, le tuyau réunit les forces des lignes ſonores; & l'Oreille attentive, qui vous écoute à l'autre extrêmité, vous entend mieux, & plus vîte. Parlez-vous à l'extrêmité d'une poutre? Les tuyaux inſenſibles ont déja porté la voix à l'autre bout, ſans paſſer, pour ainſi dire, par le milieu. Approchez de l'Oreille le petit orifice d'un cornet ou d'un tuyau fait en

forme

(*a*) Le P. Merſenne. *Harm. Univ.* l. 3. p. 214.
(*b*) On dit que lorſqu'on aſſiegeoit Gironne, le Canon s'entendoit de Rieux, à 40 lieues; les Vallons & les Antres des Pyrenées portant le bruit, comme une eſpece de Porte-voix. *Bibl. des Phil.* Tom. I. p. 70.

forme de Cône & de Vis, à peu près comme les oreilles des animaux : le fon qui paffera d'un efpace plus large dans un plus petit, & qui fera fouvent réfléchi, redoublera de vîteffe & de forces. Et le Sourd fera charmé de vous entendre.

P. 260. l. 6. *foible.*

C'eft la multitude des réflexions, qui rend fi fonores les cors de chaffe, ou ces tuyaux figurés en fpirale. Dans ces réfléxions multipliées, une infinité de particules d'Air reçoivent des impreffions réitérées de celui qui foufle, & femblent s'attendre les unes les autres pour fortifier le Son par leur réunion. Ainfi la réfléxion de rayons augmente & la lumiere, & la chaleur.

ARISTE. Mais enfin, les Sons directs & les Sons réfléchis diminuent peu à peu.

P. 261. l. 12. *Donc* le Son qui diminue, doit fe répandre fur la fin, avec la même vîteffe qu'au commencement.

P. 270. l. 2. *Timpan.*

Avec une corde de Violon je traverfe une lame de cuivre percée près d'une de fes extrêmités, ou quelqu'autre corps d'un métal, qui foit fonore. Je roule un bout de la corde autour du fecond doigt d'une main, & l'autre bout de la corde fur

le

le second doigt de l'autre main : je me bouche les oreilles avec ces deux doigts. Puis,
je fais fraper sur la lame, ou le corps
métallique, avec une clef ou un couteau.
Le trémouslement des parties insensibles
du corps frapé se communique à la corde ; & de la corde, il passe dans les parties insensibles des deux doigts ; les parties
insensibles des deux doigts le donnent au
Timpan ; le Timpan à l'air de la Caisse ;
cet air le transporte & le fait passer successivement jusqu'au nerf auditif : & comme l'impression vient de fort près , &
qu'elle est réunie sur l'organe de l'Ouïe,
sans être troublée ou altérée par d'autres
impressions, elle est suivie d'un Son que
l'on prendroit pour le Son d'une grosse
Cloche.

P. 271. l. 20. *égal.* Sans la toucher ,
vous la faites trembler & résonner.

Mettez sur chacune des cordes d'un
instrument, ou de plusieurs instrumens,
un petit morceau de papier, ou une plume légére : touchez avec l'archet une des
cordes. La chûte ou le tremblement de
la plume ou du papier vous fait observer
dans celles qui sont à l'unisson, quelque fré-
missement, quelque espece de sensibilité (a).

P. 271.

(a) Le Son même d'une Cloche ou des Orgues agite
quelquefois, & semble animer des Instrumens à cordes,
d'autres especes de corps, des pierres mêmes.

P. 271. l. penult. *elle.* Hé, n'eſt-il pas naturel que la force, qui ſe fait ſentir dans un corps, faſſe une impreſſion ſenſible ſur un corps ſemblable, ou qui demande préciſément, pour ſe mouvoir & obéïr, la même force?

P. 273. l. 8. *Muſique.*

ARISTE. J'ai ouï parler d'un autre, qui paroiſſoit plus ſpirituel encore (*a*); mais l'Art avoit perfectionné beaucoup en lui le goût qu'il avoit reçû de la Nature. Il étoit Mimique. Au Son des Inſtrumens, il ſautoit, il danſoit, il faiſoit la révérence avec toute la grace qu'on pouvoit attendre d'un Bouffon de cette eſpece. Eſt-il étonnant, après cela, que le Chant & le charme de la Muſique touche les Chameaux juſqu'à les rendre inſenſibles à la fatigue des Caravannes, & aux fardeaux les plus peſants? Ils ont de la vigueur, tandis qu'on chante, ou que l'on joue des inſtrumens. Ceſſe-t-on de jouer, ou de chanter? ils n'en ont plus (*b*).

Un Fait conſtant, c'eſt que la Muſique ſemble toucher les Dauphins dans la Mer (*c*).

Au

(*a*) Aldovrandus dit l'avoir vû. *l.* 1. *de Quadrup.* c. 2. *Schotti Phyſ. Cur.* Pai. II. l. 8. p. 797. 798.
(*b*) Gemelli Tom. II. p. 299.
(*c*) Pline l. 9. c. 8.

Au bruit d'un Concert harmonieux, on les a vû fortir en foule de l'eau, s'attrouper, comme à l'envi, proche du Navire où l'on chantoit; nager, voltiger à l'entour avec une forte d'attention, d'empreffement, & de plaifir; accompagner fort loin le Navire & les voix; s'élancer en l'air, & continuer ce jeu, cette attention, jufqu'à la fin du Concert (a).

Eudoxe. On ne fera plus furpris que des Philofophes ayent vû, (b) non pas les Chênes & les Rochers, mais les Chevaux danfer au fon des Inftrumens.

P. 274. l. 7. 8. *fubtiles.* Il y a plus d'agitation dans l'Eau-de-Vie que dans le Vin; plus dans le Vin que dans l'Huile ou dans l'Eau.

P. 275. l 14 *l'uniffon*; & produit dans l'Ame des idées plus ou moins vives, plus ou moins agréables, plus ou moins defagréables. Les idées, plus ou moins vives, & plus ou moins agréables, font naître des panchans plus ou moins forts pour leurs objets. Les idées plus ou moins vives, plus ou moins defagréables caufent dans l'Ame des averfions, des haines plus ou moins violentes.

P. 280.

(a) C'eft ce que j'ai vû, dit le P. Schott : *Quod oculis meis fpectavi.* Mag. Univ. Pais II. l. I. p. 26.
(b) Schotti *Mag.* Univ. Pais II. p. 193.

P. 280. l. 14 *étonnante.*

La cure de chaque Malade veut un air particulier; pourquoi? Les Efprits, les Fibres, les Nerfs, les particules du venin ont leur confiftance différente, leur différente groffeur en différentes perfonnes. Il faut donc différens airs pour remuer les Efprits, les Fibres, les Nerfs, & les particules du venin dans les Malades différens, pour les faire danfer, pour les agiter enfin, de maniere à diffiper gayement & à force de Danfes, & le poifon & la maladie.

P. 281. l. 13. *Voix.*

La fituation, les infléxions, les vibrations différentes & de la Langue & des Lévres avec l'action des Dents, modifient l'Air qui porte la Voix, le laiffent fortir plus ou moins abondamment, avec plus ou moins de vîteffe, avec des vibrations plus ou moins fortes, des coups plus ou moins preftes & vifs; ainfi la Voix s'articule.

P. 281. l. 23. *Voix.* Pourquoi la Voix du Roffignol a t-elle des Sons fi doux, fi forts, fi variés? Le Roffignol a la Glotte bien fendue. Les lévres de la Glotte étant longues, leur extenfion & leur retréciffement alternatifs en font fufceptibles de plus de degrés divers. Ces

vi-

vibrations différentes, nombreuses, fortes, produisent dans l'air qui vient du
poumon, des vibrations fortes, nombreuses, différentes. De-là, ces sons inimitables, que les Poëtes nous ont vantés si
souvent, & qu'ils n'ont jamais pû nous
retracer.

P. 281. l. 27. *narines*. Là, comme
dans des especes de voûtes, mille inégali-
tés semblent conspirer à rompre, à réfléchir, à fortifier le Son;

P. 282. l. antep. *nez*.
Le Son de ces paroles blesse. Des paroles qui me réjouïroient, ce seroit celles
qu'on dit (*a*) serieusement se glacer, l'Hyver, dans le Nord, en sortant de la bouche,
& retentir dans l'Air au Printems lorsque le Soleil vient les dégeler, & leur
rendre la liberté. J'ai regret que ce soit
un Conte débité gravement. On enten-
droit à la lettre dans le Nord la voix des
Zephyrs. Leurs plaintes & leurs soupirs
ne seroient plus des idées Poëtiques. Ils
parleroient mieux, & plus agréablement,
que certains Animaux. On dit (*b*) qu'Au-
guste n'avoit qu'à sortir de son Palais,
pour entendre les Pies ou les Corbeaux,

(*a*) *Mag. Univ.* Pars 2. l. 1. p. 53.
(*b*) Macrob. l. 2. Saturn. c. 4. Pers.

beaux, (*a*) & les Perroquets publier, à l'envi, fes victoires, en Grec & en Latin.

EUDOXE. Ces Oifeaux ont encore le même talent. On a vû une Pie chanter, que vous euffiez prife pour un Homme à la voix. Un Auteur (*b*) parle, comme témoin, des éclats de rire & des bons mots d'un Perroquet. Lui difoit-on de rire? il rioit, il éclatoit: mais il difoit en riant: *O le grand fot qui me fait rire!*

ARISTE. Il y a là plus d'efprit que de politeffe. Mais le point, c'eft de favoir d'où vient dans ces Animaux, ainfi que dans les Etourneaux & le Roffignol, le talent d'articuler & de parler.

EUDOXE. C'eft qu'ils ont les organes, qui fervent à la Voix, plus femblables à ceux de l'homme. Le Perroquet, par exemple, à la cavité, qui reçoit le Son de la Voix, & où la Voix réfonne, plus grande, eu égard à la grandeur du corps; des efpeces de machoires propres à empêcher le Son de fe diffiper; la partie fupérieure du bec mobile, pour fraper preftement la Voix qui fort; la langue épaiffe & large, capable de modifier plus d'Air;

(*a*) Kircher.
(*b*) Clufius. Nierember. Hift. Nat. l. 10. c. 60.

d'Air; beaucoup de muscles sous la langue, toûjours prêts à la mouvoir en mille manieres (*a*); & apparemment des fibres dans le Cerveau plus susceptibles de traces différentes & profondes. De-là, ce talent singulier de répéter des paroles, qui ont souvent frapé les fibres du Cerveau; d'articuler & de parler, comme nous.

Ariste. Le Ris est encore une espece de Voix dont l'usage est fréquent, & que l'on connoît assez peu; Voix qui, sans être articulée, exprime bien mieux un sentiment de joye vif & subit, que la parole même.

Eudoxe. L'Anatomie découvre des nerfs (*b*), qui viennent du Cerveau se répandre dans le visage, & dont quelques-uns vont s'insérer dans le nerf du Diaphragme. Apparemment les Esprits animaux déterminés par un sentiment de joye subit & vif à couler rapidement par ces nerfs dans le Diaphragme, en gonflent les vaisseaux tout à coup; le Diaphragme s'éleve, se baisse alternativement. Cette alternative de secousses frape alternativement

ment

(*a*) Selon les Observations d'Aldrovandus & de Kakir. *Mag. Univ.* Pars 2. l. 1. p. 70.
(*b*) La 5. Part. *Lexic. Phil.* p. 573.

ment & preſtement le Poumon. L'Air forcé par ces ſecouſſes réitérées, de ſortir du Poumon & de s'échaper par la Glotte à différentes repriſes, produit ces Sons, ces éclats entrecoupés qui font les Ris.

Le ſang, que le Poumon comprime, pouſſe vîte par le côté gauche du cœur juſqu'au viſage, les Eſprits animaux, qui rempliſſent mille petits nerfs, mille petits tuyaux du viſage, & preſſent les conduits du ſang; les efforts que l'on fait en riant, tout cela dilate, épanouït le viſage, force le ſang de ſe filtrer preſque ſur la ſurface; & c'eſt un nouveau coloris. La contention fait couler des Eſprits animaux dans les yeux; la cornée s'étend, & réfléchit la lumiere plus vivement; & les yeux en ſont plus brillans. Dans les eſforts les vaiſſeaux, qui portent les larmes, reçoivent-ils trop de liqueur, ou bien ſe trouvent-ils trop reſſerrés? La liqueur s'échape; ce ſont des larmes, & l'on pleure à force de rire (a).

P. 284.

(a) Le Hoquet eſt un Son qui a moins d'agrément. Des matieres acres arrêtées à l'Orifice ſupérieur de l'Eſtomac, le picotent & l'irritent; cauſent dans les nerfs des mouvemens convulſits. Ces mouvemens paſſent dans le Diaphragme voiſin. Le Diaphragme agité de la ſorte, chaſſe l'air du Poumon. L'air chaſſé ſortant rapidement par la Glotte, & heurtant violemment contre l'Epiglotte produit le Son qui fait le Hoquet. Une goute de vin ou d'eau diſſipe les humeurs acres; & le principe des mouvemens convulſits, & le Hoquet ceſſe.

P. 284. l. 2. *attachées.*

On a vû d'autres exemples semblables
(*a*) ; & un Auteur célébre (*b*) étant devenu sourd par l'impression subite d'un
bruit violent, apprit de la sorte à comprendre ce qu'il n'entendoit pas. L'on
a vû plus d'un Sourd écouter attentive-
ment & avec fruit la Parole de Dieu, tandis que ceux qui avoient l'oreille plus délicate & plus fine dormoient au Sermon.

Un Fait plus singulier encore, & peut-
être trop singulier pour être vrai-sembla-
ble ; c'est un jeune Allemand, qui dans
une fievre, à l'âge de 14 ans, perdit l'u-
sage de la parole, de maniere que, dans
la suite, il pouvoit parler une heure chaque jour seulement, depuis midi précisément jusqu'à une heure (*c*).

ARISTE. Le Réservoir des Esprits
nécessaires pour animer les nerfs destinés
au mouvement & au jeu de la langue, seroit-il devenu dans la fievre une sorte de
fontaine intermittente : auroit-il eu besoin, à cause de quelque obstruction
causée par la fievre, de vingt-trois heures,

pour

(*a*) *Vidi*, dit le P. Schott. *Phys. Cur.* Par. 1. pag. 490.
l. 3.
(*b*) L'Ayman. *Ibid.*
(*c*) Acad. des Curieux de la Nature en Allemagne, 1685.
Rép. des Lettres Tom. IV. p. 1092.

G 3

pour se remplir, & pour fournir assez d'esprits?

P. 287. l. 2. *l'esprit.*

ARISTE. On sait que les enfans nouveau-nés voient peu; leur vûe incertaine, & qui ne se fixe à rien, le marque assez. D'où vient ce défaut de vûe?

EUDOXE. Il vient apparemment & d'un défaut d'humeur aqueuse, & d'un défaut de tension dans la Cornée. Les enfans nouveau-nés ont beaucoup moins d'humeur aqueuse que les Adultes, eu égard à la grandeur des yeux; & ils ont la Cornée beaucoup moins tendue, & par-là même plus épaisse (*a*): Aussi n'a-t-elle pas le brillant qu'elle aura dans la suite. Ils ont moins d'humeur aqueuse, parce que les yeux ayant été trop pressés pendant neuf mois dans les eaux où nage le Fœtus dans le sein de la mere, les vaisseaux destinés à filtrer cette humeur n'en ont point assez filtré. La Cornée est moins tendue, parce que l'humeur aqueuse, qui est en trop petite quantité, n'a point assez poussé la Cornée en dehors, tandis qu'elle a été trop poussée en dedans par les eaux extérieures, pour se di-

later,

_____

(*a*) Selon les Observations de M. Petit le Médecin. Mém. de l'Acad. 1727 p. 247.

later, & prendre son extension & sa con-
vexité naturelle. La Cornée, qui n'est
point assez tendue, qui est froncée & ri-
dée, ne laisse point passer assez de rayons
avec les réfractions propres pour les réunir sur la Rétine. L'humeur aqueuse
disperse les rayons, ou étant trop aplatie
& en trop petite quantité, ne les dispose
point assez à la réunion. De-là, ce défaut de la vûe, qui se corrige à mesure
que l'humeur aqueuse croît, & que la
Cornée s'étend (*a*).

P. 287. l. 3 *maladies* & dans les enfans nouveau-nés, & dans les Adultes (*b*).

P. 289. l. 19. *vûe.*

ARISTE. Votre pensée paroît vraisemblable. Cependant un Crystallin glaucomatique après la mort, pouvoit ne l'ê-
tre pas pendant la vie. Je sai que M. Petit, regardant les yeux d'un petit Chat,
par exemple, ou d'un Veau vivant, ne
voyoit point dans la Prunelle la blancheur, qui marque le Crystallin glaucomatique

____

(*a*) *Ibid.* p. 249.
(*b*) Les Académiciens d'Allemagne disent qu'un enfant
s'étant blessé à l'Oeil avec un Couteau, jusqu'à perdre une
bonne partie de l'humeur aqueuse ; la mere de l'enfant ne
fit que lécher la playe tous les matins à jeun ; & l'enfant
guérit. *Miscellanea curiosa. Acad. nat. cur.* Journal des Sav.
1685. Dec. p. 416.

matique ou opaque ; & en difféquant les mêmes yeux, il trouvoit le Cryftallin opaque ou glaucomatique. Un Cryftallin tranfparent dans fa main devenoit opaque dans un lieu plus froid ; le froid & le chaud lui rendoient alternativement fa tranfparence & fon opacité (a). L'action de la chaleur ouvroit les paffages de la lumiere ; le froid les fermoit.

P. 304. l. 20. *plantes*, de la Soude, *par exemple*, ou de la fougére, reduites en cendres.

Ibid. l. 21. *fable*, les cendres (b),

P. 305. l. 3. *fragilité*.

On affûre (c) qu'un Marchand de Vin d'Amfterdam rompoit un verre à boire par un ton de Voix élevé deux fois plus que le fon naturel du verre. Apparemment l'air extérieur lancé brufquement par la voix dans les interftices de la furface du verre y comprimoit brufquement l'air

(a) Mém. de l'Acad. 1727. p 253. 254.

(b) On a obfervé que des Bouteilles de verre fait des cendres d'un bois qui avoit perdu fes Acides, par exemple, dans l'eau, n'etoient pas fi bonnes, que celles d'un verre fait des cendres d'un bois verd, & qui n'a point perdu fes Acides, ou dont la matiere n'eft plus gueres qu'Alkaline. Hift. de l'Acad. 1727. p. 26. Mém. p. 32. Les Acides des liqueurs diffolvent les parties des Bouteilles, quand la matiere n'en eft plus gueres qu'Alkaline ; & les parties diffoutes corrompent les liqueurs. De là le Vin fe gâte dans certaines Bouteilles.

(c) *De Scypho vitreo Differtatio.* Journal des Savans 1684. Juin p. 209.

l'air intérieur ; & les parties infenfibles du Verre inégalement preffées tout à coup étoient contraintes de céder à la plus grande force, de le féparer. Et c'é-toit la fracture du Verre.

P. 305. l. 11. *d'Etoiles*.

De-là, 1. On purifie les matieres, afin que le verre foit tranfparent & fans cou-leur ; on les mêle en certaine proportion. On les met dans un Fourneau, fur un feu moderé de bois très fec, pendant deux jours & deux nuits, environ. Les matie-res le fondent ; & c'eft du verre. De-là les Thermometres, les Barometres, les Microfcopes, les Lunettes, les Télefco-pes, les Miroirs, les Vitres, les Glaces, ce qu'il y a de plus commode & de plus beau dans nos Appartemens les plus beaux & les plus commodes.

Le Verrier plonge un chalumeau de fer dans la matiere fondue & vitrifiée. Le Chalumeau fe charge de cette matiere. Le Verrier le retire. Il foufle dans fon tu-yau.

La matiere vitrifiée s'enfle. On la fait tourner quelque tems en l'air pour la re-froidir ; & docile fous la main du Ver-rier, elle prend la figure que l'on veut. C'eft un Verre à boire, un Vaiffeau qui prendra fucceffivement toutes les couleurs

G 5

des

des liqueurs qu'il recevra, sans en garder aucune. Ce sera, si vous le voulez, un plan qui par sa transparence & sa solidité, nous garentira des injures de l'air, tandis qu'il laissera passer la Lumiere pour nous éclairer. Voulez-vous des Verres colorés? Si l'on calcine l'Antimoine avec huit fois autant de Borax de Venise, il donne un Verre de couleur verte; avec quatre fois autant de Borax, c'est une couleur jaune. Si l'on presse le feu, c'est un Verre blanc (a).

2. L'Ouvrage de Verre, est-il fait? Il faut qu'il se retroidisse lentement. On le met d'abord dans un endroit plus chaud; puis, dans des endroits moins chauds, par degrés. Si l'on exposoit d'abord l'ouvrage de Verre à l'air froid, la surface extérieure du Verre venant à se refroidir promptement, & beaucoup plus vîte que les parties intérieures, les parties intérieures ne se raprocheroient point assez; elles feroient des vuides, ou des espaces, qui ne contiendroient qu'une matiere déliée; ce seroient des bulles dans le Verre. Le Verre en seroit trop fragile, & sujet à s'éclater, comme la larme de

____

(a) Diction. de l'Acad. Fr. sur le mot Verre. Tom. II. p. 3 L. l. 1.

de Verre, que nous avons vû se dissiper en poussiere (*a*).

P. 309. l. 6. *Bois pourri* (*b*).

Ibid. l. 8. *rebours* en Hyver, dans l'obscurité, quelquefois les cheveux mêmes (*c*), la langue de la Vipere irritée.

Ibid. l. 9 *comme* deux morceaux de salpêtre rafiné, frapés l'un contre l'autre, le Sucre & le Souffre que l'on casse dans les ténébres, le cuivre, l'argent, ou l'or frotté contre le Verre, & le Diamant contre une glace de Miroir.

P. 312. l. 19. *yeux.*

On voit assez dans ces principes, pourquoi les frottemens font briller deux morceaux de Salpêtre rafiné, le Soufre & le Sucre, le Cuivre, l'Argent, l'Or, le Diamant.

P. 316. l. 26. 27. *rapprochent.*

Eudoxe. Le Linge même devient une espece de Phosphore. On le chauffe, on le plie. Puis on le déplie dans les ténébres, on le frotte. Le frottement agite, anime, fait jaillir les corpuscules ignées,

qui

(*a*) Entretien XXIV. Tom. I. p. 370

(*b*) Le Bois pourri jettant de la Lumiere, à peu près comme le Feu la nuit ; si l'on attache dans une Chambre des morceaux de ce Bois lumineux sur le dos de quelques Limaçons ou de quelques Ecrevisses, ceux qui ne savent point le myftére, croyent voir des Feux ambulans.

(*c*) Bibl. des Phil. Tom. I. p. 475.

qui s'y étoient attachés. Ils frapent vivement la Matiere Ethérée; & ce font des
vibrations, des étincelles, des feux brifés,
des éclairs, qui brillent à vos yeux.

P. 317. l. antepenult. *lumineufe.* Si je
l'expofois aux rayons du Soleil, elle donneroit moins de Lumiere. Eft-elle refroi-
die quand on l'expofe au grand jour? Elle en brille davantage (*a*).

P. 318. l. 2. *d'agitation.* Quand elle
eft expofée au grand jour, la Matiere E-
thérée, dont l'action forte fait le grand
jour, leur communique fon mouvement,
& fe gliffe dans les interftices ouverts
par la calcination. Les vibrations de la
Matiere Ethérée, qui remplit les interftices, fecondent l'action des fibres de la
Pierre fur la Matiere Ethérée de l'endroit obfcur, où elle n'a qu'une action
foible.

P. 318. l. 9. *Phofphore.*
Les rayons directs du Soleil, par leur
excès de force, briferoient & amolliroient
trop les fibres de la Pierre; leur reffort
en produiroit des vibrations moins vives,
dans la Matiere Ethérée de l'endroit obfcur; celle qui fe feroit coulée dans les
pores au Soleil, s'en échaperoit plus vîte.
De-là;

______

(*a*) Lemery.

De-là, le Phofphore feroit moins Lumineux.

Enfin, le Phofphore eft-il refroidi quand on l'expofe à l'air ? Les particules en font moins brifées, & elles en perdent moins de leur reffort ; la Matiere Ethérée qu'il a reçûe dans fes pores, s'y conferve plus aifément. De-là le Phofphore brille plus.

EUDOXE. La plûpart des matieres combuftibles feront bientôt autant d'efpeces de Pierres de Bologne, les Albâtres, les Pierres à plâtre, les Pierres à chaux, les Marbres, les os des animaux, les écailles d'Huitre, les coquilles d'Oeuf font le même effet. Mettez-les dans un creufet, fur le feu d'une Forge, pendant une demie heure ou trois quarts d'heure. Expofez le creufet à la lumiere du jour ; enfuite, portez-le dans un endroit obfcur : & ce fera dans le creufet une forte de charbon de feu embrafé, fans aucune chaleur. Voulez-vous quelque autre Phofphore de la même efpece ? Faites diffoudre dans l'eau forte, un morceau de pierre de Taille, ou de Moilon, de la Marne ou des cendres de quelques matieres combuftibles, de feuilles, *par exemple*, de Paille, de Bois &c. Faites évaporer & deffécher la diffolution : mettez-en quel-

G 7

que

que partie dans le creuſet: faites-là chauffer, comme s'il s'agiſſoit de fondre du plomb: la Matiere ſe gonfle, fume, ſe deſſéche encore; & voilà le Phoſphore préparé. Expoſez le creuſet au grand jour, & les pierres les plus communes auront dans l'obſcurité, l'éclat des plus beaux Diamans (*a*).

P. 320. l. 7. *l'obſcurité.* De là, l'on peut tracer avec ce Phoſphore des figures capables de ſurprendre & même d'allarmer la nuit; comme on a fait apparemment plus d'une fois, pour cauſer malignement de vaines frayeurs.

P. 321. l. 13. *yeux.*

EuDOXE. Ce Phoſphore en donne un qui brille des mois entiers (*b*).

1. Prenez du Phoſphore d'Angleterre, gros comme un pois, & coupez le en trois ou quatre morceaux.

2. Jettez les trois ou quatre morceaux du Phoſphore dans un demi-ſeptier d'eau commune bien claire.

3. Faites bouillir le mélange pendant un quart-d'heure, dans un petit pot de terre, ſur un petit feu de charbon.

4. Echauffez avec de l'eau bouillante une

(*a*) Selon les Obſervations de M. du Fay. Mercure de France. Dec. 1730. p. 2681.
(*b*) Journ. Hiſt. de Verdun, Dec. 1730. P. 395.

une phiole de Verre, large de deux pouces, haute d'un pied, environ, & dont le col soit fort étroit.

5. Jettez cette eau bouillante ; & versez aussi-tôt dans la Phiole échauffée, le mêlange tout bouillant. Bouchez à l'instant la Phiole avec un bouchon de verre ; & couvrez le bouchon, de Mastic.

La Phiole brille dans les ténébres, & elle y brillera des mois entiers, sans qu'on y touche. Secouez-là : des éclats vifs jaillissent du milieu de l'eau. Selon qu'il fait plus ou moins chaud, ce sont des especes de flammes différentes, plus ou moins vives.

ARISTE. Les corpuscules du Phosphore étant séparés & agités par la chaleur, & par la secousse, mais sans pouvoir s'échaper de l'eau, qui les retient, ou de la bouteille, réunissent constamment leur action sur la Matiere Ethérée. Et c'est une lumiere durable, plus ou moins vive, selon le degré de chaleur ou d'agitation, qui s'y fait sentir.

P. 324. l. 6. *toucher* (a).

P. 335.

(a) Si l'on a trouvé, comme on le dit, dans les Sepulcres des Anciens, des Lampes allumées ; c'est qu'apparemment elles s'étoient allumées, du moins pour quelque instant, lorsqu'on ouvrit les Sepulcres, à peu près comme la poudre ardente. On assûre (1) que sous Paul III. l'on découvrit

(1) *Hist. Tullia.* Journ. des Sav. 1682. Juin. p. 81.

P. 335. l. 17. *confuse.*

EUDOXE. Vous croirez apparemment sur le rapport d'Ariftote (*a*), qu'un homme ait eu l'Organe de la vûe affez délicat pour fe voir toûjours devant lui dans l'air ; l'air & les vapeurs réfléchiffant les rayons lumineux avec affez de force pour lui préfenter une image fenfible de lui-même, & le montrer fans ceffe lui-même à fes propres yeux.

ARISTE. Le Fait eft bien fingulier pour être croyable, même fur l'autorité d'Ariftote.

EUDOXE. Mais dans vos principes, pour voir diftinctement les objets, il faut de la lumiere ; & il y a beaucoup d'animaux, des hommes mêmes (*b*), qui voyent diftinctement la nuit.

ARISTE. L'agitation de la Matiere Ethérée eft plus foible la nuit ; mais enfin, elle fubfifte toûjours. Et quand la tiffure

des

couvrit un Tombeau avec cette Infcription, *Tulliola filia mea* ; qu'à l'ouverture du Tombeau, on vit un Cadavre s'en aller en pouffiere, & une Lampe s'éteindre. Quand on ouvre un Tombeau, fi l'on approche une chandelle allumée, une exhalaifon fulfureufe fortie des Cadavres peut prendre feu tout d'un coup, & s'éteindre avec la même viteffe, à peu près, comme l'exhalaifon de l'Efprit-de-Vin brûlé dans un lieu étroit.

(*a*) L. 3. Méteor. c. 4.

(*b*) Tibére & Cardan. Cela arriva quelquefois au Pere Schott. *Hoc & mihi accidit. Phyf. Cur.* Pars 1. l. 3. pag. 437.

des fibres de la Rétine eſt aſſez délicate
pour être ſenſible à l'action affoiblie de la
Matiere Ethérée, on doit voir juſques
dans les plus ſombres ténébres.

P. 349. l. 5. *l'Horiſon.*

Quelquefois, quand la Lune eſt presqu'à moitié ſous l'Horiſon vous la voyez
figurée en ellipſe. Pourquoi? Comme
les Réfractions, le reſte égal, ſont d'autant plus grandes, qu'elles ſe font plus
près de l'Horiſon, elles augmentent d'autant plus la grandeur apparente du Diametre Horiſontal de la Lune, qu'il approche plus de l'Horiſon.

P. 350. l. 7. *latitude.* Que dis-je?
les Hollandois, dans le voyage qu'ils fi-
rent vers le Nord en 1596. ayant perdu
le Soleil, dit-on (*a*), le 3. Novembre,
ils commencerent de le revoir le 24. de
Janvier, 16 ou 17 jours avant le tems où
le calcul Aſtronomique ſembloit promet-
tre ſon retour ſur leur Horiſon.

P. 352. l. 7. *caché.* Par la même raiſon, l'on a vû cent fois (*b*) du même endroit les mêmes Iſles & les mêmes Rochers paroître & diſparoître dans la Mer.
Ainſi

___

(*a*) Luyts *Aſtronomica Inſtitutio.* Ouvrages des Savans.
Mars 1689. p. 50.
(*b*) *Ut millies mihi contigit*, dit le P. Schott. *Mag. Univ.*
Par. I. p. 214.

Ainſi de la Sicile, tantôt l'on voit l'Iſle de Malte, tantôt on ne la voit plus.

P. 359. l. 19. *vis à vis.*

Quelquefois, la Lumiere d'une ſeule bougie tombant ſur un plan de Verre avec une obliquité de 45. degrés, environ, paroît double au de-là du Verre. C'eſt une Lumiere plus éclatante, & une Lumiere plus foible. La plus éclatante eſt réfléchie par la ſurface antérieure du plan de Verre ; la plus foible eſt renvoyée, du moins en partie, par l'air répandu ſur la ſurface poſtérieure du Verre. Humectez d'eau, d'Huile claire, ou de Miel tranſparent & liquide, cette ſurface : une grande partie des rayons ne reviendra point (*a*) ; apparemment, parce que ces Fluides les laiſſeront paſſer. Les rayons reviennent, quand l'air ſeul couvre immédiatement la ſurface.

P. 363. l. 5. *couleurs.*

Le Diamant même perd, au Microſcope, le poli merveilleux qu'il a. Pour bien choiſir un Diamant, ne faudroit-il pas le faire, pour ainſi dire, ſur le rapport du Microſcope, & prendre celui qu'il altére le moins ? C'eſt le caractere du Microſcope

___

(*a*) Optique de M. Newton l. 2. Part. 3. VII, Prop. Queſt. XXIX.

cope de défigurer ce qu'il y a de plus beau, d'embellir ce qu'il y a de plus hideux. Il donne à des Chenilles, à des Infectes qui font horreur, de la dorure, les plus belles écailles, des couleurs inimitables; & il fait de la peau la plus fine, du plus beau coloris, d'une beauté follement idolâtrée, une bigarrure & un affemblage de rides à faire peur. Si l'on fe voyoit au Microfcope, comme on fe regarde dans une Glace, l'amour propre feroit moins d'eftime d'un bien auffi fragile que la Glace même.

P. 363. l. 14. *nouveau.* Je ne parle point de ces petits Animaux, qui fourmillent dans la moififfure du Fromage, dans le lait, dans le vinaigre & dans les fruits prêts à fe corrompre. Les playes mêmes n'en font guere exemptes.

P. 363. l. dern. *inconcevable.*

Vous verriez au petit Ciron jufqu'à fix pates. Vous lui verriez le dos couvert d'écailles, apparemment pour conferver par la folidité de cette efpece d'armure tous les avantages qu'il a reçûs de la Nature, & pour être en état de faire tête à fes ennemis.

P. 365. l. 20 *naiffantes.*

Les Mâles nourriffent dans eux-mêmes des millions de ces Atomes vivans. M.
Leu-

Leuwenhoek dit qu'il en a vû dans la groſſeur d'un petit grain de Sable 50 mille de compte fait, ni plus, ni moins, 50 *millia* (*a*). Et l'experience ne l'a pas démenti. Tel animal porteroit-il en lui seul plus d'animaux réels & vivans qu'on n'en découvre à la simple vûe sur la surface de la Terre (*b*)?

ARISTE. Le Microſcope a étrangement multiplié les eſpeces?

EUDOXE. Les découvertes étonnantes que l'on doit au Microſcope ont conduit l'eſprit à des Syſtêmes qui vous surprendront peut-être encore plus.

P. 366. l. 6. *vivans*.

J'ai vû plus d'une fois un homme d'eſprit, qui attribuoit également à de petits vers & les maladies & la guériſon. Ce ſont, diſoit-il, de petits animaux qui corrompent la maſſe du ſang, & cauſent les maladies; ce ſont de petits animaux qui tuent les animaux fievreux, & nous rendent la ſanté. Que dis-je? à l'entendre, les corps les plus durs n'étoient que des amas d'inſectes étroitement liés ensemble;

&

(*a*) *Dixi me vidiſſe in femine Galli Gallinacei æquali uni Arenulæ 50 millia animalculorum viventium Ep. ad Chriſtoph. Uuren. 2. Jan.* 1683. Rép. des Let. p. 107. Tom. II.
(*b*) M. Leuwenhoek dit qu'il en a trouvé dans un Cabeau, plus que la Terre ne peut porter d'Hommes.

& la flamme n'étoit qu'un essain de vermisseaux aîlés, libres, dévelopés, qui s'envoloient rapidement en l'Air.

ARISTE. Ces animaux ignées, ces feux follets animés sont faits pour rejouïr l'imagination; & c'est à l'imagination apparemment qu'ils doivent leur naissance. Votre Philosophe voyoit-il les animaux bienfaisans & salutaires tuer, pour nous guérir, les animaux venimeux?

EUDOXE. Il les voyoit; il me l'assûroit, du moins: il me disoit même que je les voyois aussi; mais je n'en croyois rien. Après tout, il y a long-tems, que l'on a vû de petits Vers dans le sang des malades (*a*). L'Air, disoit Varron, est plein d'animaux imperceptibles, qui passant par la respiration dans nos corps y engendrent les maladies (*b*).

P. 367. l. 24. *Descartes.* Depuis six mille ans, elle fait discerner les objets sensibles. Enfin, elle deviendra sensible ellemême. A plus forte raison, le Chasseur qui perdra de vûe le Lievre ou le Cerf fera-t-il toûjours dirigé, non par l'odeur comme les Chiens de chasse, mais par la vûe d'une longue traînée de corpuscules

que

(*a*) Galati. *Diff. Physica.* Diff. 5.
(*b*) Rép. des Let. Tom. VIII. p. 1286.

que l'animal fugitif pourſuivi exhalera ſans ceſſe, & laiſſera ſur ſes pas (*a*).

P. 373. l. 10. *célébre*.

EUDOXE. C'eſt un Verre convexe de trois pieds de diametre. Son Foyer eſt à douze pieds. On le rapproche à neuf pieds avec une ſeconde Lentille d'un pied de diametre, placée à huit pieds de la grande Lentille, ou du Miroir, dont il s'agit. Le Foyer, à deux pieds de diſtance, & ſans la ſeconde Lentille qui le rapproche, a un pouce & demi de Diametre; à neuf pieds de diſtance, rapproché par la ſeconde Lentille, il ſe trouve retréci, juſques à n'avoir que huit lignes. Ce retréciſſement réunit les forces des rayons. Les Matieres qui n'étoient pas ſenſibles au grand Foyer, ſe fondent en un moment au petit.

M. Tſchirnhaus Allemand, Académicien aſſocié, avoit l'art de fondre & de travailler des Verres convexes d'une grandeur énorme.

P. 375. l. 13. *moins*. Non ſeulement les rayons du Soleil, mais les rayons réfléchis

______

(*a*) On dit fort ſérieuſement, dans des Mêlanges d'Hiſtoire & de Littérature, qu'on a vû un Microſcope d'Angleterre, qui faiſoit voir la tranſpiration inſenſible de Sanctorius, les Atomes d'Epicure, & les Influences des Aſtres. En cela, ce qui me ſurprend le plus, c'eſt le ſérieux avec lequel on le dit.

Fig. 85.

fléchis des charbons allumés, y allument des charbons éteints (a), & de la poudre.

P. 376. l. 5. *pieds* (b).

P. 378. l. 7. *endroit*, & difposés en forme de pyramide ? Plus la Pyramide aura d'angles ou de côtés, plus elle y réunira de rayons. Un cone creux & tronqué [a] *Fig.* 85. fera tomber fur le même point [b] l'action d'une infinité de rayons.

Ibid. l. 10. *vrai-femblable.*

ARISTE. Mais, pourquoi les rayons de Matiere Ethérée, qui reçoivent leurs vibrations immédiatement du Soleil, & qui font réfléchis par des Miroirs divers, ont-ils plus de force pour brûler, que les rayons, qui reçoivent leur impreffion immédiatement du feu que nous allumons?

EUDOXE. Voici quelques conjectures là-deffus. 1. Les rayons du Soleil qui tombent fur les Miroirs, font paralléles, ou prefque paralléles, à caufe de leur diftance du Soleil. De-là vient que la réfléxion ou la réfraction les réunit en

plus

____

(a) P. *Bettinus.* *Apiar.* 7. pro *Gymnaf.* 1. *prop.* 2. *Schol.* 1. *Schott.* *Mag.* *Univ.* Part. 1. P. 366. 410.

(b) Les Jefuites de Prague ont trouvé le fecret de brûler à 32. pieds de diftance, avec deux Miroirs concaves, & un charbon mis au Foyer de l'un des Miroirs. Mém. de Trev. Juillet 1725. P. 1336.

plus grand nombre fur le corps combuf-
tible; & cet excès de rayons réunis eſt
un excès de force. Les rayons qui partent
du feu font moins parallélcs, ſoit à cauſe
de la proximité du feu, ſoit parce que les
particules du feu terreſtre ſe portent plus
en enhaut, que vers l'horiſon; de-là vient,
que la réfléxion ou la réfraction les réunit en plus petit nombre ſur le corps com-
buſtible, & le défaut de rayons réunis eſt
un défaut de force.

2. Les extrêmités des rayons qui reçoivent leurs vibrations du feu, font dans
la ſurface de l'Air qui environne le feu.
Par conſéquent le feu qui frape les rayons,
que l'Air enferme dans des tuyaux inſenſibles, frape l'Air; la ſurface de l'Air ré-
ſiſte par ſon reſſort; & plus elle reſiſte,
plus elle amortit l'impreſſion des particules ignées ſur les rayons de la Matiere E-
thérée. Mais les extrêmités des rayons
frapées par l'action du Soleil, font hors
de l'Air; le reſſort de l'Air n'affoiblit point
les coups. De-là, ſi je préſente une main
au Soleil, & que je le regarde fixement;
tandis que la main ſent à peine quelqu'altération, mes yeux font bleſſés, parce
que les rayons portent juſques dans l'intérieur de l'œil, l'agitation violente qu'ils
ont reçûe hors de l'Air; mais ſi j'approche

che les yeux & la main du feu ; la main
fent une chaleur exceffive , tandis que
je fens à peine dans les yeux quelqu'altération , parce que le reffort de l'Air
amortit l'action des parties ignées fur
les rayons enfermés dans les tuyaux infenfibles de l'Air même. Prenez comme
des conjectures ce que je vous donn pour
des conjectures.

P 378. l. 25. *côtés*, ou du moins je
laifferois geler l'eau dans un vaiffeau concave , où l'eau prendroit, en fe glaçant,
une figure convexe.

P. 379. l 4 *même*, comme on (*a*) l'a
fait fortir d'une phiole pleine d'eau, dans
un tems chaud & ferein.

P. 383 l. 11. *d'autre*. Voulez-vous
voir le Phénomene ? L'experience demande une Chambre fort obfcure ; un
trou rond dans un des volets, large d'un
tiers de pouce, environ, & qui reçoive
les rayons du Soleil.

P. 384 l. 7 *autre*.
Une efpece de rayons produit dans les
organes des vibrations d'une certaine grandeur ; & les vibrations d'une certaine
gran-

____

(*a*) Le P. Schott. *Mag. Univ.* Part. 1. liv. 9. pag 479.
Hâc arte ignem aquâ accendimus.

grandeur caufent, dans l'Ame, la fenfation d'une certaine couleur : de même, à peu près, que les vibrations d'une certaine grandeur dans l'Air, font naître dans l'Ame la fenfation d'un certain Son. Par exemple, les rayons d'une efpece, produifent les plus courtes vibrations, pour faire voir du Violet ; les rayons d'une autre efpece produifent les vibrations les plus étendues, pour donner du Rouge (a). Les premiers caufent les plus courtes vibrations ; parce qu'ils font compofés des plus petits corpufcules. Les corpufcules les plus petits, ayant moins de force que les autres, font moins d'impreffion. Ainfi, le Violet qu'ils font naître, eft la plus fombre & la plus foible des Couleurs. Les feconds caufent les vibrations les plus étendues ; parce qu'ils font compofés des corpufcules les plus gros. Les plus gros corpufcules ayant plus de force, que les autres, font une impreffion plus forte. Auffi, le Rouge, qu'ils produifent, eft la Couleur la plus forte & la plus éclatante. La différence de groffeur dans les corpufcules des autres rayons, fait la différence des autres Couleurs.

P. 384. l. 11. *réfrangibilité*. Le Violet,

(a) Optique de M. Newton. p. 102. l. 3. Queft. XIII.

let, par exemple, se rompt plus que le Rouge. Aussi, quand les rayons violets sortent d'un Verre fait en forme de Lentille, ils se rapprochent plus, ils se réunissent plutôt, que les rayons rouges. Le Foyer de ceux la se trouve plus proche de la Lentille, que le Foyer de ceux-ci (a).

P. 385. l. 19. *tous.* Les rayons qui souffrent dans le premier Prisme une plus grande Réfraction, continuent de souffrir dans le second Prisme, dans le troisieme & dans le quatrieme, une Réfraction plus grande.

6. Pourquoi les Rayons violets font-ils les plus disposés à se rompre? C'est qu'ils font composés des plus petits corpuscules. Les plus petits corpuscules ayant moins de force pour vaincre les obstacles, font détournés plus aisément. Pourquoi les Rayons rouges font-ils les moins disposés à se rompre? c'est qu'ils font composés des plus gros corpuscules. Les corpuscules plus gros ayant plus de force, pour vaincre les obstacles, ils font détournés plus difficilement. Ainsi les autres rayons se rompent plus ou moins à proportion de la grosseur de leurs corpuscules. P. 386.

(a) Optique. l. 1. Par. 1. VII. Prop.

H 2

P. 386. l. 21. *reçoit.* Selon la différence des rayons interceptés, le mélange de ceux qui demeurent réunis, est coloré différemment. Cessez d'en intercepter: ils se réunissent tous, comme auparavant; & le Blanc reparoît.

P. 387. l. 5. *éclatant.* Le Vermillon n'est jamais plus brillant, que dans un Rouge homogene & simple. Il brille moins dans une lumiere verte; encore moins, dans une lumiere bleue.

P. 387. l. 24. *d'ouverture.* De-là, chaque surface colorée renvoye plus de rayons de sa couleur, que de toute autre espece; & tire sa couleur de cet excès-là même.

Enfin, un homme, qui fit de si curieuses experiences sur les Couleurs, qui sut si bien séparer les rayons, & faire, pour ainsi dire, l'Anatomie de la Lumiere, & à qui l'on doit l'invention d'une Lunette si belle (*a*), méritoit de jouïr de la Lumiere 85 ans du moins, comme a fait M. Newton, sans avoir besoin de Lunettes (*b*).

P. 400. l. 21. *blanc.* Hé! qu'est-ce qui donne au Vin blanc sa couleur? La

rondeur

_____

(*a*) Entretien XXI. Tom. II. p. 369. 370.
(*b*) Hist. de l'Acad. 1730. p. 170.

rondeur de fes parties. Ce font de petits Globules Auffi, d'ordinaire le Vin blanc eft doux, parce que les Globules gliffent mollement fur la Langue, & ne font que la chatouiller légérement, fans l'offenfer.

P. 401. l. 8 *cheveux*.

Si les foins ou la contention caufent quelque retréciffement ou quelques obftructions dans les Orifices & dans les tuyaux qui portent les fucs, ou que la chaleur les diffipe, la blancheur pourra prévenir l'âge. Quelquefois (*a*) la frayeur a fait en une nuit, dans de jeunes gens, ce que l'âge ne fait qu'après bien des années.

Ibid. l. 23. *Hermines*. On a vû, dans les Pyrenées couvertes de neige, des Perdrix blanches (*b*).

P. 402. l. 12. *efpece*.

Après tout, la vûe continuelle de la Blancheur peut faire encore fur les fibres du cerveau des impreffions, qui par les filets des nerfs portent fur la furface ten-
{dre

(*a*) Scaliger. *Exercit.* 312. *in Card.* Schott. *Phyf. Cur.* Par. 1. l. 3. p. 419.

M. Menage dit que le chagrin d'avoir perdu des Manufcrits Grecs dans un naufrage, fit blanchir dans une nuit, un favant Italien. *Menagiana*, de l'Edit. de M. de la Monnoye. Tom. I. p. 47.

(*b*) M. Gautier dit qu'il en a vû. Bibl. des Phil. Tom. II. p. 226.

dre du Fœtus les principes de la Blancheur, en y formant la tissure qui produit le Blanc. On fait que dans la production de certains Animaux, des Brebis (a), par exemple, & des Chevaux, la vûe fixe d'une certaine couleur la leur donne. La Couleur qui s'offre sans cesse aux yeux des Oiseaux, se répand assez souvent sur leurs Petits. Dans les Climats du Nord, & dans d'autres endroits, où la blancheur de la neige frape les yeux des Animaux presque toute l'année, on voit non seulement des Lievres blancs, mais des Perdrix blanches, des Renards blancs, des Ours blancs, des Castors blancs, des Corbeaux blancs, & enfin, si l'on en croit les Voyageurs, des Merles blancs.

P. 409. l. 25. *charbon.*

6. Le Sang est quelquefois transparent & sans couleur; tantôt rouge, tantôt noir. Ses Globules sont composés de petits corps ovales plats, qui sont transparens au Microscope & sans couleur quand ils sont seuls, parce qu'ayant peu d'épaisseur, ils laissent passer beaucoup de lumiere. Ils prennent une couleur rouge en se réunissant. Dans la réunion, ils réfléchissent les rayons avec des vi-

____

(a) Genesis chap. 27.

vibrations fortes; mais comme ils en laiſ-
ſent paſſer, ils les réfléchiſſent avec des
mélanges de rayons inefficaces ou d'ombre; de-là, le Rouge (a). Ce Rouge
devient obſcur, ſombre, noir, à proportion que le ſang abſorbe plus de rayons
dans ſes pores, ou que les parties plus
longues & plus languiſſantes de ſa ſurface, renvoyent les rayons plus foiblement. Jettez ſur du Sang noir un peu de
Nitre : les particules de Nitre ſemées
ſur la ſurface du Sang, & qui bouchent
les pores, font que le Sang réfléchit
plus de rayons efficaces, & avec plus de
vivacité, quoiqu'ils ſoient toujours mêlés
d'ombre : de-là, le Sang rougit. Au
fond des palettes, le Sang eſt plus noir;
c'eſt que les Globules y ont les pores
plus droits, plus ouverts, plus propres
à abſorber les rayons; ou que les ſurfaces
des Globules plus longues & plus flaſques,
ſont moins propres à renvoyer les rayons.
Le Sang de deſſus eſt plus rouge, ſoit
que l'Air inciſe les parties de la ſurface,
& en bouche les pores avec ces parties,
ſoit qu'il y répande des particules nitreu-
ſes, qui réfléchiſſent plus de rayons efficaces.

(a) Entretien XXIII. Tom. II. p. 403. 404.

H 4

caces. Enfin, le Sang est-il plus rouge dans les Arteres, & plus noir dans les Veines? C'est que dans les Arteres étant plus chargé du Nitre, qu'il vient de recevoir avec l'air dans les Poumons, ou agité plus vivement par l'action du côté gauche du Cœur, il renvoye les rayons avec plus de force & moins d'ombre.

7. Des Sucs déliés & agités viennent-ils à déger les Tuyaux des Cheveux blancs? Ils reçoivent plus d'humeurs qui absorbent les rayons, ou les renvoyent plus foiblement ; les Cheveux blancs noircissent ; & ce changement rare, mais réel, redonne un air de jeunesse ; sur-tout quand l'organe de la vûe se rétablit au même tems, & que l'on quitte, comme on a fait (a), l'usage des Lunettes.

Enfin, le froid & la vûe fixe & continuelle du Blanc, produisent, dans certains animaux, une couleur blanche ; le chaud & la vûe continuelle & fixe du Noir, ne seroient-ils pas, par une raison contraire, le principe de la couleur noire dans une autre espece, je veux dire, dans les Negres?

P. 410.

______

(a) Le P. Schott. dit qu'il a vû un homme dont la Barbe & les Cheveux avoient passé du Blanc au Noir, & qui avoit cessé de se servir de Lunettes. *Phys. Cur. Par. 1, l. 3, P. 419.*

P. 410. l. dern. *d'ombre ?*

Voulez-vous répandre ces différentes couleurs fur une Muraille blanche, fur un Drap blanc, fur le Vifage même ? placez fucceffivement vis à vis d'un trou ménagé dans la Fenêtre d'une Chambre obfcure, des Verres différemment colorés : les Verres colorés donneront la tiffure, & l'arrangement de leurs couleurs & leur mélange d'ombre aux rayons ; & les rayons plus ou moins interrompus, plus ou moins vifs, iront porter fur les objets les couleurs des Verres colorés. En un inftant, les rayons, plus ou moins mêlés d'ombre, vous peindront en Jaune, en Violet, en Rouge. Ce fera un Vermillon, un coloris qui ne gâtera rien. Il ne fera pas durable ; mais il en fera voir plus vîte qu'on fait vanité d'un bien qui ne nous appartient guere, & qui n'eft, pour ainfi dire, qu'un jeu de la Matiere fubtile.

On voit encore dans ces principes la caufe d'un Fait qui furprend. On brûle, dans une Chambre, un verre d'Eau de Vie, où l'on a mis une pincée de Sel commun. On éteint les Bougies & le Feu. Alors, les corpufcules de Sel & d'Eau de Vie répandus dans l'air, répandent fur les Vifages une pâleur effroyable.

H 5

Ariste.

ARISTE. Mais enfin, Eudoxe, trouvés-vous dans votre principe, l'explication d'un Phénomene assez singulier? Il y a dans le Jardin du Collége de Louïs le Grand, une Fontaine, où le Marbre noir paroît blanc, où le Plâtre blanc paroît noirâtre. Du milieu d'un Bassin, il s'éleve une espece de Pyramide fort obtuse, à quatre côtés. Il y a dans chacun des côtés de la Pyramide un plan de marbre noir, avec une Inscription. Chaque plan de Marbre est un peu concave en dehors; mais poli. Le Bassin, qui reçoit l'Eau des quatre coins de la Pyramide, a deux pieds ou deux pieds & demi de largeur, environ, depuis la Pyramide jnsqu'aux bords. Vous regardez dans l'Eau : le Marbre noir vous y paroît blanc. Vous jettez du Plâtre sur le Marbre : le Plâtre blanc vous paroît noirâtre dans l'Eau.

EUDOXE. Il y a neuf ou dix ans que l'on me fit remarquer le Phénomene. Je dis alors ma pensée. J'ai souvent observé le Phénomene depuis, & je pense encore de même. Pour m'expliquer là dessus, je commence par quelques observations.

1. La Fontaine est au milieu du Jardin, à peu près. Le Jardin n'est pas grand; & il est bordé par quatre Corps de Logis.

2. Com

2. Comme les Corps de Logis, fur-
tout trois, ne font pas loin de la Fontaine, les Rayons horifontaux, ou appro-
chans, qui vont tomber fur la furface
des Marbres, & fur le Baffin, ne font
guere que des rayons affoiblis par des réfléxions réitérées.

3. Une lumiere célefte, pure, abondante, vive, qui n'eft affoiblie, ni par
la féparation des rayons qui la compofent,
ni par l'action des autres rayons, qui
viennent la croifer, produit une fenfation de Blancheur. Des rayons peu nombreux & affoiblis caufent dans l'ame une
fenfation contraire. Placez parallélement
à l'Horifon dans une Chambre entre la
Fenêtre ouverte & vos yeux, un plan
de Verre, d'Acier uni, ou de Marbre
noir, mais poli : la lumiere pure, abondante, & vive, qui vient par la Fenêtre,
étant réfléchie avec un angle de réfléxion,
égale à l'angle d'incidence, & réunie dans
les yeux par la furface unie du plan, fans
être altérée par les foibles rayons qui peuvent la croifer, fait une fenfation de Blancheur, qui rapporte la Blancheur au plan
même, & qui la répand, pour ainfi dire, fur le plan poli. Placez vous entre
la Fenêtre & le plan : c'eft une fenfation
contraire; parce que le plan qui dirige

de

de l'autre côté, les rayons qui viennent par la Fenêtre, ne renvoye vers vos yeux, & n'y réunit que peu de rayons affoiblis par une réfléxion plus grande.

Cela fuppofé: des rayons directs & nombreux viennent tomber obliquement de l'Atmofphere fur les plans de Marbre noir, fitués perpendiculairement à l'Horifon. La furface unie du Marbre renvoye la plûpart des rayons à même angle fur l'Eau. La furface polie de l'Eau les réfléchit de même. Réfléchis de même, ils viennent, fans être altérés fenfiblement par les Rayons horizontaux qui font foibles, fraper vivement l'organe de la vûe. L'impreffion forte eft fuivie d'une fenfation de Blancheur. L'Ame rapporte naturellement & le Marbre & la Blancheur à l'extrêmité des mêmes rayons droits, qui les font apercevoir. De-là, l'on voit tout à la fois dans le même endroit de l'Eau, le Marbre & la Blancheur apparente. Ainfi le Marbre noir paroît blanc.

Vous jettez du Plâtre blanc fur le Marbre noir, qui paroît blanc. 1. La furface du Plâtre eft moins folide. 2. Loin d'être auffi polie, elle eft fort rabouteufe. Fort rabotcufe, elle éparpille beaucoup des rayons obliques de l'Atmofphere; fléxible, elle affoiblit les autres en prenant de leur

leur mouvement. Elle renvoye donc sur l'Eau peu des rayons affoiblis par la communication de leur force, & par la réfléxion. La surface de l'Eau ne réfléchit donc jusqu'aux yeux que peu de foibles rayons. L'impreſſion sur l'organe de la vûë en eſt foible; & l'impreſſion foible n'eſt suivie naturellement que d'une senſation de couleur noirâtre.

A R I S T E. Mais cette Blancheur apparente & paſſagére du Marbre noir, ne pourroit-elle pas venir de la Blancheur réelle ou conſtante des Murailles blanches, qui renvoyent la lumiere sur les plans de Marbre noir?

E u d o x e. 1. J'ai vû le Soleil dans le Méridien éclairer d'une lumiere fort vive, toute la face méridionale du Bâtiment qui regarde le Nord; & le plan de Marbre, qui se trouve vis à vis, loin d'en paroître plus blanc, paroiſſoit auſſi noir à peu près, qu'il l'eſt; parce que les rayons trop vifs, réfléchis par la face oppoſée du Bâtiment, ne faiſoient qu'intercepter, éparpiller, amortir les rayons ſupérieurs qui deſcendoient obliquement de l'Atmoſphere sur le plan de Marbre, & en rendre l'action inſenſible.

2. J'ai souvent intercepté les rayons réfléchis par les quatre Corps de Logis sur

H 7 les

les plans de Marbre noir; & ils n'en pa-
roiſſoient pas moins blancs.

Vous me permettrez donc, Ariſte, de
m'en tenir à ma premiere penſée ſur ces
ſortes de couleurs changeantes & paſſa-
géres.

P. 411. l. 11. *blanche*.

ARISTE. On aſſûre que le Cameleon
prend ſucceſſivement toutes ces couleurs,
ſelon les Corps divers ſur leſquels il ſe
trouve (*a*).

EUDOXE. C'eſt que ſa peau tranſparente, & qui renferme une humeur tranſparente, renvoye les rayons colorés, à
peu près comme une Lame mince de cor-
ne ou de verre.

P. 414. l. 12. *dit*.

ARISTE. Mêlons un peu d'Eau forte avec de la Teinture de Tourne-ſol....
Le mêlange eſt rouge.

EUDOXE. Le Rouge conſiſte dans
des vibrations promptes de rayons efficaces, mais mêlés d'ombre. Car, pourquoi le Soleil eſt-il rouge à l'Horiſon?
C'eſt que les rayons, traverſant alors
plus de vapeurs, ſont plus interrompus,
& qu'il en vient moins juſques à nos
yeux.

(*a*) Il blanchit ſur un linge blanc, de ſorte qu'on a de
la peine à le diſtinguer du linge, comme l'a obſervé le
P. Kircer. Schott. *Mag. Univ.* Par. 1. p. 233.

yeux. En effet, les vibrations efficaces n'en font pas plus foibles, puifque les rayons efficaces traverfent plus aifément l'eau que l'air, & que plufieurs y coulent même plus vîte raffemblés par la réfraction. Le Corps rouge eft donc un amas de particules roides, mais qui ne font pas fphériques. Roides, elles renvoyent les rayons avec de fortes vibrations; mais comme ces particules ne font pas globuleufes, elles ne réfléchiffent pas les rayons efficaces fans quelque mêlange affez confiderable de rayons inefficaces.

Cela fuppofé; le mêlange d'Eau forte & de Teinture de Tourne-fol eft rouge, parce qu'ayant des parties courtes & roides, mais qui ne font pas fphériques, il réfléchit les rayons efficaces avec de fortes vibrations, mais au même tems mêlées de beaucoup d'ombre, ou de rayons inefficaces.

A R I S T E. Je mets une goute d'Huile de Tartre fur le mêlange rouge; & je ne fais que l'agiter un peu : c'eft une couleur violette très belle.

P. 415. l. 2. *Noir.*

A R I S T E. Je verfe une goute d'Eau forte fur le mêlange violet... Voilà le Rouge rétabli.

E u d o x e. L'Eau forte, qui diffout
les

les molécules faites par l'Huile de Tartre, rend au mêlange sa premiere tissure de parties, qui donnoit du Rouge. La même tissure de parties renvoye les rayons de même : & c'est la même couleur.

ARISTE. Sur le Rouge rétabli, je verse de l'Huile de Tartre.... Voilà le Violet qui reparoît à son tour.

EUDOXE. L'Huile de Tartre, qui absorbe, comme la premiere fois, l'Eau forte affoiblie, émoussée, rend au mêlange sa seconde tissure de parties, & fait les mêmes molécules, qui donnoient du Violet. La même tissure de parties renvoye les rayons de même ; & c'est encore la même couleur. Continuez de réiterer alternativement les deux mêlanges : le Violet & le Rouge renaîtront successivement, par le même principe.

ARISTE. Essayons un autre mêlange. Voici de la dissolution de Vitriol bleu. Mêlons-y de l'Esprit de sel Armoniac... le beau bleu !

P. 416 l. 15. *vibrations.*

ARISTE. De l'Esprit de Salpêtre versé sur le Verd, donnera un beau Rouge. De l'Huile de Tartre fera reparoître le Verd, à plusieurs reprises.

EUDOXE. Vous en voyez assez la raison dans ce que j'ai dit.

P. 417

P. 417. l. 24. *rouge.*

Eudoxe. Nous avons déja vû du Rouge, & nous avons dit ce qui le faît naître (*a*).

Ariste. Hé bien, fur un mêlange rouge de Sublimé corrofif, & de l'Huile de Tartre, mettons de l'Efprit de Sel Armoniac.... Déja le mêlange eft blanc comme du Lait.

P. 420. l. 15. *fimplicité.*

Eudoxe. Mais M. Newton veut que les rayons qui nous offrent des couleurs différentes, foient, d'eux-mêmes, inégalement réfrangibles, parce qu'il leur voit conftamment des réfractions inégales; & que les couleurs qu'ils portent, foient immuables, parce qu'il les leur voit porter conftamment.

1. Eft-il bien évident que cette inégalité de réfractions n'eft point caufée par des irrégularités accidentelles, par la différence d'étendue, de figure, de fituation, qui fe trouve dans les pores; par l'éparpillement des rayons à la rencontre des particules d'air, ou des angles des parties intérieures du Prifme; par le poli inégal des petites furfaces, plus ou moins obliques? &c. Le Microfcope découvre,

dans

<hr>

(*a*) Entretien XXIV, Tom. II. p. 417.

dans la surface la plus polie, une infinité de petites surfaces inclinées différemment; les rayons déliés qui viennent parallélement tomber sur ces surfaces différemment inclinées, se rompront inégalement. Les rayons une fois rompus, éparpillés, divisés, assortis, mêlés de vibrations, de rayons inefficaces ou d'ombre à un certain degré, sont disposés à se rompre de même, & à donner les mêmes couleurs. Plus déliés à un certain point, ils continueront de se rompre plus. Assortis de vibrations & d'ombre à un certain point, ils conserveront les mêmes couleurs.

P. 421. l. 1. *couleur.*

Les couleurs différentes & nouvelles, que M. Mariotte vit après avoir rompu son Rayon rouge & son Rayon violet, ne viennent proprement, selon les Experiences de M. Gauger, ni du Rayon violet, ni du Rayon rouge. Le Rayon violet, ou le Rayon rouge, intercepté, l'on voit encore les couleurs que vit M. Mariotte. Ces couleurs trompeuses ne faisoient qu'accompagner le Rayon rouge & le Rayon violet, pour faire illusion.

Eudoxe. Mais sans rompre les rayons, ils prennent, dès qu'on les fait passer par des Verres différemment colorés, des couleurs différentes. Les rayons qui
pénétrent

pénétrent le Verre jaune, par exemple,
où l'œil que la bile rend jaune, femblent
répandre une couleur jaune fur les objets.
On veut que le Verre ou l'Oeil jaune foit
jaune, parce qu'il refufe un paffage libre
aux rayons jaunes, & qu'il les renvoye.
Mais au moment que les rayons jaunes
font rebutés & renvoyés, pourquoi les
rayons, qui ont la prérogative ou le Pri-
vilége d'un paffage libre à caufe qu'ils ne
font pas jaunes, me peignent-ils les objets avec des couleurs jaunes?

FIN des Additions pour le II. Tome.

SUPPLEMENT

POUR LES

ENTRETIENS

PHYSIQUES.

ADDITIONS & CHANGEMENS,
pour le III. & dernier Tome.

P. 3. l. 20. UN Physicien (a), à qui
autres. les plus petits objets ont
fait beaucoup d'honneur, a vû dans du
bois coupé transversalement les Orifices
des vaisseaux montans; & ces orifices, imperceptibles à la simple vûe, étoient, au
Microscope, d'une grandeur à contenir
un

____

(a) M. Leuwenhoek. 31. Vol. des Transf. Philos. de la
Societé Royale de Londres. Mém. Litt. de la Grande Bretagne. Tom. XIV. p. 526. 527.

un pois. Il a vû d'autres vaiſſeaux qui s'inſéroient & portoient la fève dans les côtés des premiers. Il en a vû qui partoient de la moëlle, allant vers l'écorce parallélement à l'Horiſon.

P. 8. l. 2. *elle*. On a vu une Pomme dans une autre Pomme; un Citron dans un autre Citron; un Limon dans un autre Limon (*a*); une Poire qui ſortoit à demi d'une autre Poire (*b*); une Roſe qui naiſſoit du milieu d'une Roſe. Hé, le Microſcope n'a-t-il pas fait voir (*c*) dans un grain de Bled, trois germes, ou trois plantes avec leurs racines & leurs feuilles; dans un grain de Segle, quatre germes; huit dans un grain d'Orge? Que dis-je? On prétend avoir vû quatre cens germes ſortir à la fois d'un ſeul grain de Bled (*d*).

Ibid. l. 13. *infini?*

A r i s t e. Mais aſſez ordinairement, on trouve dans certaines Plantes des figures d'Animaux, de Mouches, d'Abeilles, d'Oiſeaux, d'Aigles, des traits mêmes

de

(*a*) *Miſcellanea cur. Academiæ Nat. Curioſorum.* Tom. I. *Obſ.* 38 p. 120. 121.

(*b*) Obſ. de M. Perrault. Journ. des Sav. 1675. Juin. p. 166.

(*c*) Aux yeux de M. Leuwenhoek. *Continuatio Ep. ad Reg. Soc. Lond.* Rép. des Let. Tom. II. p 101. Fev. 1689.

(*d*) Rai Hiſt. des Plantes. Rép. des Let. Tom. IX. pag. 149.

de l'Homme. (*a*) La Tartarie n'a-t-elle pas une Plante de trois pieds de haut, figurée en mouton (*b*) & qui semble se nourrir des plantes voisines, apparemment, parce qu'elle attire & prend par ses racines étendues les sucs & la nourriture des Plantes voisines? Si ces figures, si ces traits sont des jeux du Hazard, les Plantes ne peuvent-elles pas en être?

EUDOXE. Les jeux du Hazard ne sont ni si réguliers, ni si constans. Apparemment la main qui a formé les Plantes, y a mis en petit ces traits & ces figures.

P. 11. l. 9. *Plantes*. Et un Chêne dans son état de perfection, c'est-à-dire, à l'âge de cent ans, peut avoir tiré de ces différentes sources une nourriture de cinq cens vingt-quatre mille livres (*c*).

ARISTE. L'accroissement est aussi merveilleux, que l'on y fait peu d'attention. Mais, Eudoxe,

P. 17.

(*a*) Le P. Schott. en a vu. *Mag. Univ.* Par. 1. p. 185.
(*b*) Schott *Mag. Univ.* Par. 4. l. 4. p. 437. On a trouvé dans des Arbres des Figures de Pierre, où l'on voyoit toute la délicatesse de l'Art. Apparemment, les Hommes les y avoient mises, dans des creux faits exprès, ou ménagés naturellement; & l'accroissement de l'écorce les y avoit cachées.
(*c*) Selon le calcul de M. Bradley, de la Société Royale de Londres. *Description Philosophique des Ouvrages de la Nature 1721.* Mém. Lit. de la Grande Bret. Tom. VIII. p. 496.

P. 17. l. 11. *en-haut*. Enfin, les Sucs grossiers de la terre ne pouvant se couler d'abord dans les pores trop étroits de la Tige, la poussent vers la surface de la terre ; mais comme ils peuvent pénétrer dans les pores & les tuyaux plus grands de la Racine, ils la tiennent dirigée vers la terre, & l'y attachent.

P. 24. l. 7. *brillé*.

ARISTE. Un Poëte (a) également recent & célébre, fait circuler les Sucs dans les Plantes, comme le Sang circule dans notre corps.

Succus enim tenues subit abs radice mea-
tus,
Pervaditque comas ; & vertice lapsus ab alto
Circuit, ac latè plantam desertur in omnem ;
Sanguis ut humanos circum vagus irrigat ar-
tus.

P. 25. l. 20. *sucs*.

ARISTE. Si vous en croyez un Curieux (b), qui a supputé l'accroissement de quelques plantes ; il y en a qui croissent si rapidement, qu'on y pourroit voir

la

(a) Le P. Vaniere.
(b) M. Bradley, de la Société Royale de Londres. *Description Philosophique des Ouvrages de la Nature.* 1721. Mém. Lit. de la Grande Bret. Tom. VIII. p. 427.

la circulation de la fève. Vous mettrez un excellent Microlcope fur une feuille de Citrouille, quand le Soleil luit ; vous verez la fève circuler, porter la nourriture & la vie dans la plante. Le mouvement de la fève fera plus prompt que celui d'une Aiguille, qui marque les Minutes dans une pendule. Enfin, la plante croîtra pour vous à vûe d'œil.

P. 25. l. 26. *fins*

Les Feuilles mêmes femblent rafiner des fucs pour les Fleurs. Les Fleurs tirent des Feuilles ce que les Feuilles ont de plus épuré, de plus tendre de-là (*a*), lorfque les Fleurs font en grand nombre, & qu'elles ont beaucoup d'odeur, les Feuilles n'en ônt point : au contraire les Feuilles font odoriférantes, quand les Fleurs manquent. Vous diriez que la Feuille ne fe réferve que les fucs les plus grof-fiers, dès qu'elle peut faire pafler dans les Fleurs naiffantes ce qu'elle a de plus pur & de plus exquis.

P. 29. l. 25. *Plantes.*

Les parties deftinées à la génération des Plantes, & la maniere dont les graines deviennent fécondes, font très fenfibles dans

les

(*a*) Selon les Obfervations de M. Craig, Rép. des Let. Tom. X. p. 1048. Oct. 1688.

les Lys; & en voici juftement un, qui s'offre à nos yeux... Voyez-vous, Arifte, cette tige mince & verte, qui s'éleve du milieu de la Fleur? C'eft le Piftile. Ce Piftile eft creux, il renferme dans le fond de fa cavité, de petites véficules, de petits œufs; c'eft de la graine. L'extrêmité fupérieure du Piftile eft terminée par trois coins arrondis & fendus Autour du Piftile, vous voyez des fils blancs, qui foûtiennent de petits corps jaunes. Les fils blancs font les Etamines; & les petits corps jaunes, les fommets. Il y a dans ces Sommets une Poufficre jaune, qui tient aux doigts lorfqu'on y touche. Cette Poufficre eft une efpece de femence. La femence reçûe dans le Piftile par les ouvertures de l'extrêmité fupéricure va féconder les graines. Vous diriez que les plantes, du moins la plûpart, portent les deux fexes fur la même fleur.

P. 32. l 9. *obfervée* : mais qui n'a point échapé aux yeux de quelques Botaniftes. Ils ont obfervé que les plus petites graines font les plus fertiles. M. Rai ne trouva-t-il point, *par exemple*, qu'un grain de Tabac produit une plante qui donne feule 360 mille grains (*a*).

P. 43.

(*a*) *Hift. Plantar. Auct. Raj*, Rép. des Let. Tom. VI. p. 1321. Nov. 1686.

P. 43. l. 6. *chariot*. Une Rave de dix livres & demie (*a*), femée en la Province de Warwick en Angleterre le 2 de Juillet 1702, & arrachée le 21 Octobre n'eut fait nulle fenlation auprès du Champignon. La groffeur & l'accroiffement de la Rave avoient néanmoins quelque chofe de fort fingulier. L'once de la graine contenoit plus de 14600 grains. Le grain qui donne la Rave de dix livres & demie eût-il donc augmenté fon poids 15 fois chaque minute ? Quelle vîteffe de dévelopement !

P. 46. l. 8. 9. *l'Europe* (*b*). Le Caffé contient

(*a*) Mémoires Literaires de la Grande Bretagne. Tom. I. p. 139.

(*b*) L'Ufage du Caffé (1) commença dans l'Arabie vers le milieu du 15 Siécle. Un Arabe vit en Perfe des Arabes prendre du Caffé. De retour en Arabie, il en prit dans une indifpofition. Il lui trouva les qualités que nous lui trouvons Il le mit en vogue. On en prit pour veiller, pour diffiper les fumées qui appefantiffent la tête; on en prit par goût. La mode s'en répandit dans la Turquie. On l'y prend à toute heure fans fucre. Quelques uns le font bouillir avec un peu d'Anis des Indes ; d'autres avec quelques Clous de Giroffle. Les plus délicats mettent dans chaque taffe une goûte d'Effence d'Ambre. L'Europe voulut en effayer le Siécle paffé. Marfeille en vit en 1657. Mais peu de perfonnes en prenoient. En 1660 l'ufage en fut plus commun. Il ne vint jufqu'à Paris qu'environ l'année 1669. (2) Les Médecins criérent beaucoup contre le Caffé d'abord; ils en prennent beaucoup à préfent. Hé ! qui eft-ce qui n'en prend pas aujourd'hui?

(1) De l'Origine du Caffé, fur un Manufcrit Arabe de la Bibliotheque du Roi. Journal des Sav. 1699. p. 342.

(2) Mémoire concernant l'Arbre & le Fruit du Caffé. Journal des Sav. 1716. Mai. p. 277.

contient des principes volatils, tant falins
que fulfureux, fi l'on en juge par la matiere huileufe, qui paroít fur la furface,
quand on le grille, & par l'odeur qu'il
répand. Le Microfcope n'y fait-il point
voir à l'œil de l'Huile & des Sels? (a) Il
y découvre des parties longues, épaiffes
au milieu, pointues par les deux bouts;
des parties rameufes & entrelaffées, d'où
l'on exprime une Huile abondante, pure,
claire. Il faut donc rôtir le Caffé pour
en féparer les parties rameufes & entrelaffées. Mais, fi vous le brûlez trop,
vous perdez ce qu'il a de meilleur, l'Huile, le Soufre, les Sels qui s'évaporent.
Une marque du jufte degré de torrefac-
tion, c'eft une couleur tirant fur le Violet, & je ne fai quelle odeur de pain
brûlé.

P. 46. l. 13. *l'airain.* Si le Caffé brûlé s'évente, fur-tout quand il eft réduit
en poudre, il perd de fes fels, & par conféquent de fon efficace.

P. 46. l. 22. *Sang.* Le Sucre, de la
Canelle, & un peu de Giroffle donnent
une pointe au Caffé.

P. 47. l. 19. *diftinctes.* Nous ferions
ap-

____

(a) *Continuatio Epiftolarum ad Reg. Soc. Londin. Epift.* II.
Leuwenhoek. Rép. des Let. Tom. XI. p. 99.

apparemment plus attentifs aux difcours des Orateurs, fi nous prenions les mêmes précautions qu'eux.

Eudoxe. Je ne confeillerois néanmoins l'ufage du Caffé, ni à ceux qui ont des Crachemens de Sang, ni à ceux dont le Sang circule avec trop de rapidité, ni à ceux qui digérent trop vîte. Il hâteroit également & la digeftion & la circulation ; & en donnant au Sang de nouveaux degrés de chaleur, il lui donneroit de nouvelles forces pour s'échaper par les vaiffeaux ouverts. Ce feroit augmenter l'activité d'un feu déja trop violent. Cet excès feroit fortir du Sang trop d'efprits, & ces efprits trop vifs produiroient dans le Cerveau, la nuit même, au lieu d'un doux fommeil, des idées, des images importunes & ennemies d'un repos tranquille, convenable & néceffaire.

Ariste. Malgré la douce amertume du Caffé

P. 48. l. 13. *Senfitive.*

Eudoxe. Vous donneriez au Champignon Marin la même fenfibilité ; dès qu'on l'entame, il fe retire, il fe ride, foit qu'il reçoive par les orifices de fes fibres coupées quelques efprits qui gonflent tout à coup & raccourciffent quelques tuyaux, ou qu'il s'en exhale des parties

ties spiritueuses avec de l'Air, dont l'action & le ressort retinssent auparavant le Champignon sous un plus grand volume. Car apparemment ce n'est point la douleur qui resserre le Champignon. Le Champignon est de lui-même insensible à la blessure qu'on lui fait; & s'il ne se plaint pas, ce n'est point précisément parce que la voix lui manque. Autrefois on donnoit aux Plantes mêmes une Ame sensitive. Les Plantes étoient du tems de Platon, & dans la pensée de ce grand Philosophe, des Animaux enracinés (*a*) & immobiles. Que dis-je, au gré des Platoniciens, l'Homme étoit une plante renversée. Mais l'Ame sensitive des plantes est anéantie, ce semble, dans la Physique nouvelle, malgré les efforts & le zéle de quelques Botanistes modernes (*b*), qui ont essayé de ranimer leurs Plantes cheries.

P. 51. l. 7. *Rosiers.* Quelquefois *c*, ce sont plusieurs tiges, de cinq à six pieds de hauteur, grosses, chacune, comme le pouce, sorties d'un même pied, divisées

par

______

(*a*) *Animalia radicibus connexa. Platonis Philosoph'a. Ficin.* p. 620. col. 2.

(*b*) Redi, Conig. *Regnum vegetabile.* Rép. des B. Let. Tom. X. p. 1046.

(*c*) Mém. du P. le Comte Tom. I. p. 464.

par la cime en petits rameaux, qui font une espece de bouquet propre à nous rappeller l'idée de notre Myrte.

P. 51. l. 16. *prix*.

Eudoxe. Le Thé de la Chine réveille en moi l'idée d'une plante qui dut toûjours être bien précieuse dans cet Empire si ancien, qui dure à ce qu'on dit depuis plus de quatre mille ans (*a*) ; c'est une espece d'Arbre, de la grandeur, à peu près, de nos Châtaigners. Ces arbres donnent la cire la plus nette, la plus blanche & la plus belle du monde. On la doit en partie au goût, au travail, à l'industrie de certains petits Vers. Ces petits Animaux, attirés apparemment par l'odeur, percent les arbres jusques à la moëlle ; ils la rongent, la digérent, l'épurent, de maniere que c'est une cire d'une blancheur exquise. Ce n'est point assez : ils la poussent en dehors par les petits trous qu'ils ont faits. Congelée enfin sur la surface des arbres par le vent & le froid, elle demeure pendante en forme de goutes & attend la main qui doit la recueillir pour l'usage des personnes riches, des Mandarins, des plus grands Seigneurs & de l'Empereur même.

P. 51.

(*a*) Relation de la Chine par le P. de Magaillans, Missionnaire Jes. Rép. des Let. Tom X. p. 1196. Nov. 1688.

P. 51. l. 22. *l'Hyver*. Le bois en eſt blanc, dur, & rougeâtre en dedans, preſque incorruptible. On voit encore ſur le Mont Liban une vingtaine de ces Arbres fameux (*a*), preſqu'auſſi anciens que le Monde, d'une groſſeur prodigieuſe, ſans compter un grand nombre de petits. La cime des grands Cedres forme un rond parfait. Les petits s'élevent en Pyramides. Le bois des grands & des petits exhale une odeur agréable. Le tronc des plus grands n'a que ſix à ſept pieds de hauteur ; mais de ce tronc, énorme par ſa groſſeur, ſortent des branches immenſes. Elles ont l'écorce polie & liſſée. Les grands Cedres portent des Pommes odoriférantes, groſſes, à peu près, comme celles du Pin, & donnent de la Gomme.

Ibid. l. 23. 24. *ſudorifique* d'une odeur ſuave, & une eſpece de Baume admirable pour deſſécher les playés (*b*).

Ibid. l. 25. *morts* (*c*),

P. 51.

<hr>

(*a*) M. de la Roque les a vûs. Voyage du Mont Liban. Journal des Sav. 1722. p. 429.

(*b*) Le P. Petit Jéſ, en a fait l'expérience ſur les lieux. Mém. de Trév. 1724. Juillet p. 1279. Janv. 1723. p. 37.

(*c*) Les Momies d'Egypte ſont des Corps des anciens Egyptiens embaumés. Il ſe trouve beaucoup de ces Corps auprès des ruines de l'ancienne Memphis, dans des Grottes, & dans des Chambres ſoûterraines, quarrées & voutées ;

I 4

P. 51. l. dern. *Cedre.*

Voulez vous des Plantes qui vous fur-prennent par la groffeur de leur tige, ou par l'étendue de leurs branches? L'on vous en fera voir de 27 pieds de circon-férence dans le Tronc (*a*); on vous fe-ra voir (*b*) un arbre creufé en forme de Vaiffeau capable de contenir deux cens hommes d'équipage; un autre arbre (*c*) que 80 hommes peuvent à peine embraf-fer; un chêne enfin (*d*) fous lequel qua-tre mille perfonnes peuvent prendre le frais à l'aife. A entendre un célébre Bo-tanifte (*e*), le Cocos, dont quelquefois les feuilles couvriroient 20 hommes, peut fuffire feul pour conftruire, équiper, & charger un Navire entier.

A R I S T E. J'aimerois mieux voir de ces feuilles à deux pieds, que des Natura-liftes font marcher pendant huit jours en-tiers

les uns dans des Coffres de Meurier noir, d'autres dans des Tombeaux de pierre (*). Le Beaume inferé dans les inter-ftices des Corps, les a rendus inacceffibles à la corruption en fermant les paffages de l'air, ou d'une matiére encore plus déliee.

(*a*) En Allemagne. *Phyf. Cur.* Par. 2. p. 1330.
(*b*) Dans le Congo.
(*c*) A la Chine.
(*d*) En Angleterre. *H.ft. Plant. Auft. Rajo.* Rép. des Lettres Tom. VI. p. 1323.
(*e*) M. Rai. *Hift. Plant.* Rép. des Let. Tom. IX. p. 352.

(*) Gemelli Carreri. Mém. de Trev. 1721. p. 339.

tiers après leur chûte (*a*), ou plutôt de ces feuilles que l'on transforme en oiseaux (*b*).

Eudoxe. On a fu faire accroire à quelques Indiens, ou à quelques Sauvages (*c*) du Canada, que les feuilles d'un certain arbre parloient, parce qu'on écrivoit fur ces feuilles, & qu'elles révéloient par là quelques unes de leurs Hiftoires fecretes. Auffi, quand ils portoient une Lettre, & qu'ils vouloient faire en chemin quelque chofe qui fût fecret, quelque vol, c'eft-à-dire, *par exemple*, manger ou boire une partie de ce qu'on leur confioit, ils prenoient la précaution d'enfouir la Lettre dans la Terre, ou de la cacher derriere un arbre éloigné, pendant l'opération furtive. Mais des feuilles ambulantes, des feuilles metamorphofées en Oifeaux, ce font des myfteres, que vous n'êtes point d'humeur à croire apparemment.

P. **55**. l. **23. 24.** *tumeur*, où il croît & fe dévelope, jufqu'à ce que fous la figure d'une mouche, il puiffe percer la tumeur, s'envoler, vivre plus librement & dans un plus grand jour.

P. 62.

(*a*) *Phyf. Cur.* Par. **2.** p. 1336. *App. ad* l. **12.**
(*b*) *Ibid.* p. **963. 965.**
(*c*) Nieremb, l. Hift. Nat. c. **10.**

I 5

P. 62. l. 14. *heure.*

5. La graine trempée quelques heures dans deux pintes & demie d'Eau impregnées d'une once du meilleur Salpêtre, en est beaucoup plus fertile (*a*).

6. Il y a un secret pour garantir la Vigne de la gelée. Quand la gelée ménace la Vigne, faites y porter en plusieurs endroits, du côté, d'où le Vent soufle, du Fumier long avec du chaume. Dès que le Soleil sera levé, faites y mettre le feu (*b*), une fumée épaisse, une espece de gros nuage, qui doit durer environ deux heures, se répandra sur la Vigne. Les Rayons du Soleil, qui traverseront difficilement le nuage de fumée, n'auront point assez de force pour dilater brusquement les sucs, & briser les fibres des Raisins & des feuilles tendres; la Rosée dégelée lentement, se convertira doucement en Eau, sans nuire au Vin. Ce secret a eu quelque succès.

7. Un secret plus important encore, c'est le secret de conserver le fruit de la Plante la plus précieuse, je veux dire, du Bled.

(*a*) M. Nieuwentyt observa que des Feves & quelques graines de Pourpier trempées de la sorte, pousserent extraordinairement. De l'Existence de Dieu p. 614. &c.

(*b*) *Observations sur l'Agriculture par M. Angran.* Journal des Sav. 1712. p. 107.

Bled. L'Italie a des Puits faits exprès·
On creuſe un Puits dans un tuf franc &
uni, que la Pluye ne peut pénétrer. La
bouche du Puits, juſqu'à une toiſe, environ, de profondeur, n'a que trois pieds
de diametre. Après, quoi le diamettre
du Puits va toûjours en augmentant juſques à dix-huit ou vingt pieds, ſur une
profondeur de plus de trente. On répand
une couche de Paille dans le fond; & l'on
tapiſſe de Paillaſſons les parois, en ſorte
que le grain ne les puiſſe toucher immédiatement. On y met le Bled bien net,
& bien ſec. Et quand le Puits eſt plein,
on le ferme avec une pierre juſte, ou avec
des Madriers de bon bois, & l'on couvre
le deſſus de Mortier & de Pierre figurée
en cone, afin que l'Eau de pluye s'écou-
le. On aſſûre que le Bled ſe conſerve
dans ces Puits juſques à trente ans, auſſi
bon & auſſi beau, que s'il venoit d'être
battu. Lorſqu'on les ouvre, il en ſort
une eſpece de fumée. Le grain n'en eſt
ni moins beau, ni moins bon (*a*).

Ariste. Dans ces Puits, l'Air extérieur ne peut porter dans les interſtices
des grains de Bled, ni vapeurs, ni ſels·
capables·

______

(*a*) Le P. Labat dit qu'il a vû de ces Puits. Voyages du
P. Labat en Eſpagne & en Italie. Tom. V. p. 72.

I 6

capables de les pénétrer, de les diſſoudre, de les altérer : l’Air intérieur, ou contenu dans les grains mêmes, ne peut s’étendre, ni par conſéquent déranger les particules des grains par ſon extenſion ; parce qu’ils ſont tellement reſſerrés de toutes parts, qu’ils ne ſauroient occuper plus d’eſpace, ou ſe mettre plus au large. De-là, le Bled demeure ſi long-tems, tel, ou à peu près tel, qu’il étoit, quand on l’a reſſerré dans le Puits. Mais il eſt difficile que le reſſort de l’Air intérieur, & l’action de la Matiere ſubtile qui inonde tout, avec les chaleurs ſoûterraines, ne détachent enfin, ne faſſent tranſpirer ou évaporer quelques particules des grains de Bled, & ne produiſent dans les interſtices des grains quelques exhalaiſons. De-là, cette fumée qui ſort & s’éleve lorſqu’on ouvre le Puits.

Eudoxe. Mais revenons aux Plantes, qui donnent des fruits ſi utiles, ſi ſalutaires.

P. 63. l. 19. *développer?*

L’alternative d’un tems froid & d’un tems chaud, d’un Ciel ſerein & couvert, même ſans pluye, contribue à l’accroiſſement des Plantes, ſoit terreſtres, ſoit aquatiques.

Ariste. La chaleur ou le froid paſſe

fe de l'Atmofphere dans l'Air intérieur des Plantes aquatiques ou terreftres. Le froid le condenfe, le chaud le raréfie. L'Air intérieur condenfé fait place à la fève; l'Air raréfié la pouffe. De-là, l'action des Sucs hâte dans les viciffitudes de froid & de chaud l'accroiffement des Plantes aquatiques & terreftres.

P. 64. l. 8. *Pins* (*a*).

Ibid. l. 11. *Sucre?*

Mais comment fe fait-il?

EUDOXE. Pour faire du Sucre avec le Suc de l'Erable, on fait une incifion dans l'Arbre à la hauteur d'un pied. Le tems des incifions (*b*), c'eft depuis le commencement de Fevrier jufqu'au commencement d'Avril. On perce l'Arbre au-deffous de l'incifion; & l'on y met une canelle qui dirige dans un vaiffeau le Suc qui diftille. Un Erable d'une bonne groffeur donne cent foixante pintes d'un Suc

(*a*) On dit (*) qu'en Pologne, une Planche de Sapin mife devant une Cheminée pour l'empêcher de fumer, rendit peu à peu cinq fois plus de Réfine, qu'elle ne pefoit. Apparemment les parties réfineufes du bois réfineux qu'on brûloit dans la Cheminée, s'infinuoient dans les pores de la Planche, & en diftilloient peu à peu.

(*b*) 31. Volume des Tranfactions Philofophiques de la Societé Royale de Londres. Mém. Literaires de la Grande Bretagne. Tom. XI. p. 34.

(*) Hift. de l'Acad. 1716. Obferv. de Phyf. génér.

Suc liquide. On fait bouillir les cent foixante pintes, environ feize heures, jufqu'à ce que le Suc foit réduit à trois pintes. On ôte le vaiſſeau du feu. Mais alors,
il faut remuer continuellement la liqueur.
Autrement, elle deviendroit dure comme
un Rocher, & la liqueur feroit bien-tôt
une forte de pierre. L'agitation empêche les parties, qui fe refroidiſſent, de
s'affaiſſer, de s'inférer trop les unes dans
les autres ; elle y donne accès à l'air, qui
par fon reſſort & fa fluidité ménage un
degré de dureté plus convenable, & l'on
trouve, après l'opération, qu'un Arbre
de Canada donne deux ou trois livres d'un
Sucre auſſi bon au goût, que celui des
Indes Occidentales, & meilleur pour l'u-
fage de la Médecine.

P. 71. l. 19. *Aſtre.*

Dans les Plantes, j'ai vû fouvent le
côté méridional, pouſſer plutôt des branches au Printems, que le côté Septen-
trional.

EUDOXE. Je vois, ce femble, la caufe de ce Phénomene dans le même principe. Le côté méridional qui regarde le
Soleil, reſſent les effets des rayons directs ;
le côté qui regarde le Nord, ne reſſent
que l'effet des rayons réfléchis. Or, les
rayons directs ont plus de force ; ils produiſent

duifent plus de chaleur, & font monter les fucs plus vîte, & plus abondamment. De-là, cet excès de vîteffe dans l'accroiffement des branches.

Les Sucs qui font naître les branches, les unes plutôt, les autres plus tard, produifent chaque année des accroiffemens nouveaux dans le Tronc; & ces accroiffemens y font marqués par autant de couches circulaires. Mais ordinairement, ces couches n'ont pas le même centre; & leur excentricité peut fervir, ce me femble, à tirer fans le fecours du Soleil ou de la Bouffole une Méridienne, ou une ligne dont une extrêmité regarde affez le Nord, & l'autre, le Midi.

ARISTE. Expliquez-vous, Eudoxe.

EUDOXE. Vous choififfez un arbre dans un Horifon, où il reçoive librement les rayons du Soleil. Vous faites fcier cet Arbre parallélement à l'Horifon. Sur la fection du tronc inférieur, vous voyez plufieurs Cercles qui ne font pas concentriques. Les demi-cercles méridionaux font plus grands, plus éloignés, les uns des autres, que les arcs feptentrionaux, à proportion que ceux-là regardent plus directement le Midi, & que ceux-ci regardent plus directement le Nord, du moins à peu près; parce que l'action de

la

la chaleur étant plus forte dans la partie méridionale de l'Arbre, que dans la partie septentrionale, elle éleve plus de Sucs nourriciers & des Sucs mieux préparés dans celle-là, que dans celle-ci. Par conséquent, si vous tirez donc une ligne qui passe par les points où les demi-cercles méridionaux sont plus éloignés les uns des autres; & par les points où les demi-cercles septentrionaux le sont moins : cette ligne marquera physiquement le Nord & le Midi. Voilà, donc une Méridienne indépendante de l'Aiguille aimantée, & des observations du Soleil.

A R I S T E. Par le même principe, quand on voit un Arbre abattu, l'on pourroit deviner quel côté de l'Arbre regardoit, avant qu'il fut abattu, le Nord ou le Midi.

P. 73. l. 4. *Espaliers*.

Ce mot me rappelle un pied de vigne en espalier assez curieux. On assure (*a*) qu'en 1720 il portoit d'un côté des Raisins blancs; & de l'autre, des Raisins noirs. Deux tiges différentes, mais tendres qui se touchoient, se seroient-elles réunies en une? Ainsi nous voyons de

jeunes

(*a*) 31 Vol. des Transactions Philos. de la Société Royale de Londres, Mém. Lit. de la Grande Bretagne, Tom. XIV. p. 505.

jeunes arbriſſaux ſe coller & s'unir ſi é-
troitement, qu'ils ſemblent n'en faire plus
qu'un.

P. 75. l. 8. *chaleur.*

Ariste. N'ajoûterons-nous rien qui
regarde en particulier la Vigne, cette
Plante ſi utile, même pour les Autels?
Nous lui ſommes redevables & pour le
Verjus, & pour le Vin, & pour le Vinaigre. Mais d'où vient cette viciſſitude
dans les mêmes ſucs?

Eudoxe. Cette différence vient des
mêmes principes différemment diſpoſés
entre eux. Un grain de Raiſin n'eſt d'a-
bord que de l'eau, qui a ſervi de véhicule à une terre aſſez groſſiere, qui contient
un Acide & un Huile (*a*). La chaleur,
qui diviſe peu à peu la terre, dévelope
l'Huile & l'Acide. A un certain point de
dévelopement, l'Acide, l'Huile, & la
Terre font encore des molécules d'une
groſſeur à fraper rudement les fibres de
l'organe du goût; & c'eſt du Verjus.
L'Acide plus dévelopé, & dégagé de la
Terre, touche les fibres de l'organe, ſans
le bleſſer; mais encore noyé dans l'Huile,
il agit trop doucement ſur l'organe, il ne
le chatouille point aſſez pour produire

une

(*a*) Hiſt. de l'Acad. 1729. p. 16.

une sensation piquante; & c'est du Vin doux; ce n'est encore que du Moût. A force de fermentation, l'Acide se dégage de l'Huile même, jusques à piquer sensiblement l'organe du goût sans l'offenser, & c'est un Vin fait. Avec le tems, par la fermentation, & par le mouvement de liquidité, sur tout, quand le tonneau n'est pas bouché, l'Acide se dévelope & se dégage trop de l'Huile; il perce, il agite, il déchire l'organe jusqu'à l'offenser & le blesser, & c'est du Vinaigre. Ainsi les mêmes sucs de la Vigne, d'une des Plantes les plus célébres, prennent successivement différentes saveurs.

P. 79. l. 21. *hommes.*

ARISTE. Le Germe, le Fœtus, le petit Animal ne fait apparemment que se déveloper dans l'œuf de la Femelle. Mais je ne sai s'il est originairement tracé dans la substance de l'œuf même. Ne seroit ce pas un de ces petits vermissaux du mâle vûs au Microscope (*a*)?

EUDOXE. Des personnes fort habiles (*b*) ont cru que c'étoit un de ces petits animaux vivans introduit, nourri, dévelopé dans l'œuf. Mais 1. tout Animal

mal

____

(*a*) Entretien XXI. Tom. II. p. 365.
(*b*) Mrs. Hartsoeker, Leuwenhoek, Andry, Geofroy. Bibl. des Phil. Tom. I. p. 110. 518. Bourguet, p. 75.

mal feroit-il donc animé, même avant la génération? 2. Si ces petits Etres innombrables peuvent se couler dans la substance de l'œuf, pourquoi n'y en a-t-il qu'un, qui s'y glisse? 3. A quoi bon des millions d'Animaux imperceptibles, pour en avoir un seul capable de fraper nos sens? Que de millions d'Animaux infiniment petits seroient vainement destinés pour en produire un sensible! Il faudroit que tel Animal, devenu sensible, eût acquis presque tout à coup, dans son accroissement, mille millions de fois plus de volume & de grandeur qu'il n'en avoit d'abord. Je doute que l'on reconnût à ces traits la Sagesse & la simplicité de l'Auteur de la Nature.

Ariste. On demandera pourquoi l'on observe tant de ces petits Insectes dans la substance, où ils nagent.

Eudoxe. C'est qu'apparemment ils y trouvent une nourriture propre.

Ariste. Mais on n'en découvre point dans un jeune Animal.

Eudoxe. Peut être un excès de petitesse les rend inaccessibles au Microscope même.

Ariste. On sait qu'ils se multiplient dans les uns, qu'ils périssent dans les autres, que tantôt ils périssent, tantôt

tôt ils se multiplient dans les mêmes Animaux.

EUDOXE. Ces différences ne peuvent-elles pas venir de la différente disposition des humeurs?

ARISTE. Enfin, il faut bien convenir avec vous que c'est l'œuf qui contient originairement, & dès la naissance du Monde, le Germe qui doit se déveloper à son tour.

P. 79. l. 25. *poule?* On distingue dans l'œuf de Poule, la Coque, le Blanc environné de sa membrane, le Jaune envelopé de la sienne, deux ligamens, qui tiennent le jaune & le blanc attachés, l'Embrion, le Germe, ou le petit Poulet renfermé dans une petite vessie, qui paroît comme une tache obscure, ou cendrée, qu'on nomme la cicatrice de l'œuf, parce qu'on y voit une petite fosse tracée en forme de cicatrice, & remplie d'une liqueur transparente.

P. 80. l. 4. *vie.* M. Malpighi a suivi presque heure par heure le progrès de la génération du Poulet dans l'œuf sous la Poule. Selon ces observations, après douze heures, environ, l'on voit dans le Germe une sorte de petite tête, des vésicules, qui sont l'origine des vertebres; après trente heures, les yeux commencent

de

de paroître &c. L'accroiſſement s'aperçoit ainſi par degrés. Après vingt jours, le
Poulet eſt entierement formé (a). Quand
la nourriture vient à manquer, le petit
Animal ſemble en ſouffrir; il s'agite, il
ſe meut, comme pour chercher ce qui lui
manque, il rompt les membranes; il fend
de ſon bec la Coque, ou la Poule, qui
ſent le mouvement, la briſe; & voilà le
Pouſſin éclos.

P. 82. l. 16. *ſuccès.* Florence & le
Dannemark en ont vû d'heureux eſſais (b).

Ariste. Les œufs éclos dans les
Fours à poulets me font ſouvenir des
œufs de Sole. On dit qu'ils éclofent d'u-
ne façon bien ſinguliere. Plus on obſerve la Nature de près, plus on y trouve
à obſerver. Certaines plantes paraſites,
comme la Mouſſe & le Guy (c), ne croiſ-
ſent que ſur d'autres eſpeces de plantes,
de même les œufs de certains Animaux
ſemblent n'éclore que ſur d'autres eſpeces
d'Animaux. N'eſt-il pas étonnant que
la Sole doive ſa naiſſance à la Crevette, à

une

<hr>

(a) *Malpighii Anat. Plantarum,* Journ. des Savans 1688.
Fev. p. 202.
(b) Bartol. Hiſt. Anat. Cent. 6. Hiſt. 11. *Phyſ. Cur.*
Par. 2. p. 1377.
(c) Entretien IV, Tom. III, p. 56.

une forte de petite Ecreviffe groffe comme le petit doigt? la Crevette (*a*) pêchée récemment, a fous l'eftomac plufieurs petites veffies inégales, collées à l'eftomac par une liqueur gluante. Détachez ces veffies ; ouvrez-les doucement : vous y voyez au Microfcope des efpeces d'Embrions. Ces Embrions ont tout l'air de petites Soles (*b*). Ce font apparemment des œufs de Sole. Il faut, pour ainfi dire, que la Crevette couve ces œufs pour les rendre féconds. En effet, on a fait pêcher des Crevettes ; on les a gardées dans l'Eau de la Mer. Au bout de douze à treize jours, on trouva dans cette eau de petites Soles. On réitéra plufieurs fois l'expérience ; toûjours de petites Soles. On mit d'un côté des Crevettes avec des Soles ; d'un autre côté des Soles fans Crevettes. Les Soles frayoient des deux côtés. Les Crevettes avec les Soles donnerent des Soles ; les Soles feules ne donnerent rien.

La différente ftructure des Animaux fortis de tant d'œufs divers, & différemment éclos (*c*), doit avoir quelque chofe de bien curieux !

Les

(*a*) Ou la Chevrette.
(*b*) H·ft. de l'Acad. 1722. p. 19.
(*c*) Tantôt les œufs éclofent dans le fein des Animaux.

Les

Les Païs étrangers ont des Chauve-Souris, par exemple, des Lézards & des Ecureuils, comme nous, mais d'une espece singuliere. La Chauve-Souris de l'Ifle de Bourbon, eft une forte de Renard volant. La Femelle a des aîles de quatre pieds, & fous chaque aîle, un fac pour tranfporter fes petits. Un Miffionnaire (*a*) dit qu'il a vû dans l'Ifle de Poulo-Condor, des Ecureuils & des Lézards aîlés voler d'arbre en arbre à la diftance de vingt à trente pieds.

P. 89. l. 11. *corps.*

Un Académicien Florentin (*b*) nous a fait la peinture d'une qui pouvoit donner un accès libre dans fa gueule à un Cavalier à Cheval, & avaler fans façon le Cheval & le Cavalier.

P. 90. l. 15. *lances.*

Pour reparer la perte des Baleines qu'on prend vers le Nord, d'autres vont en troupes du Nord même, s'accoupler vers la Ligne (*c*), attirées apparemment

par

Les Petits en fortent tout formés, & ce font des Animaux *Vivipares.* Tantôt les œufs n'éclofent que hors des Animaux; & ce font des Animaux *Ovipares*

(*a*) Le P. Jaques. Let. édif. & cur. 14. Recueil. Let. I.

(*b*) Jean Fabri. *Willughbej. Hift.* Pifcium. Rép. des Lettr. Tom. V. p. 702. Juin 1686.

(*c*) A ce qu'on affûre. Defcription Philofophique des Ouvrages de la Nature, par M. Bradley, de la Société Royale de Londres. Mém. Lit. de la Grande Bretagne, Tom. VIII. p. 498.

par la chaleur, & par les herbes aquatiques, qui croiffent dans certaines faifons,
& dont elles fe nourriffent. Ainfi, les Ha-
rangs, & d'autres Poiffons de paffage,
viennent frayer dans la Manche, attirés
apparemment, par la temperature de l'air,
par les Infectes, qui s'y dévelopent pour
les nourrir, ou par les alimens que les
Rivieres y dépofent en certains tems. Les
Baleines retournent des Contrées Méri-
dionales vers le Nord, où ces Poiffons,
immenfes & vivipares (a), font & alaitent
leurs Petits, qui ne font jamais que deux;
fécondité qui n'égale point celle de la
Tenche, de la Carpe, du Merlus (b).
La Tenche a peut-être dix mille œufs;
la Carpe vingt mille; le Merlus un million. Si tous les œufs du Merlus étoient
féconds, un feul poiffon pourroit donner,
en dix ans, environ mille Myriades de
Myriades de Poiffons, & après mille ans,
le monde feroit trop étroit pour contenir,
fi je l'ofe dire, la poftérité d'un Merlus.
Les Petits d'une Baleine font moins nombreux.

P. 90. l. 20. *plus.* Je lifois hier des
Obfervations fort curieufes (c) fur une efpece

(a) Ibid.
(b) Ibid. 499 500.
(c) Mém. de l'Acad. 1728. p. 1390. 311.

pece de petits Infectes, qui font beaucoup de mal, & qu'on ne laiffe pas de louer beaucoup, également célébres par leur induftrie & leurs ravages; ce font les Teignes.

Ariste. Je l'avoue; ces petits Animaux fi célébres, je ne les connois guere.

Eudoxe. Les Teignes font de petits Vers, figurés à peu près, en Cylindre, à huit pates, fix fituées affez proches de la tête, deux voifines de la queue. Ces Infectes naiffent tout nuds; mais à peine font-ils nés, qu'ils favent fe vêtir eux-mêmes. On excelle bien-tôt dans ce que la Nature apprend. Lorfqu'une Teigne eft fenfible, elle s'eft déja fait un habit. Cet habit eft une envelope, un fourreau plus large vers le milieu, parce que l'Animal y réfide ordinairement, plus étroit vers les deux bouts, qui font ouverts. A proportion que le maître de l'habit, ou de l'étui, croît & s'allonge, il allonge fon habit. L'habit d'une Teigne avancée en âge, a quelquefois quatre à cinq lignes de longueur, rarement fix. Il eft doublé : le deffus eft de poils ou de laine; l'intérieur ou la doublure eft de foye que l'Infecte a filée. Quelquefois fon habit & fa nourriture coûtent cher; il faut pour cela détruire les plus magnifiques Ameublemens.

Voulez-vous voir comment la Teigne induſtrieuſe s'y prend à ſe nourrir, & à faire le tiſſu de ſon petit habit? Mettez dans des Bouteilles cylindriques de verre des Teignes d'une certaine longueur avec des morceaux d'étoffe, de Drap ou de Ser-ge, griſe ou bleue, par exemple : Vous verrez le petit Ver avancer la tète hors de ſon fourreau, chercher & ſaiſir, avec deux ſerres faites en forme de Ciſeaux, les poils ou les brins de laine convena-bles, les apporter & les attacher artiſte-ment au bout de ſon étui pour l'allonger. L'a t-il allongé par un bout? Il ſe plie, ſe replie, ſe tourne, & va preſtement l'al-longer par l'autre. L'Animal, qui s'al-longe, groſſit au même tems. Son habit, enfin, ſe trouve trop étroit, & il l'élar-git. Comment? Il le coupe, il le fend, ſelon la longueur, auſſi exactement, du moins, que nous le ferions avec des ci-ſeaux; il y met une bande rouge, s'il eſt ſur une étoffe rouge ; une bande blanche, lorſque l'étoffe eſt blanche.

Si l'on veut voir l'Inſecte former par degrés tout le tiſſu de ſon habit, on peut avec un petit baton forcer une vieille Teigne à ſortir de ſon envelope, & à ſe

vêtir

vêtir de neuf. Elle commencera par fe
filer un habit de foye, qu'elle couvrira
de laine. Pour le couvrir, elle attachera
d'abord au milieu un anneau de petits
brins de laine couchés parallélement les
uns aux autres. Enfuite, avec une Lou-
pe, vous la verriez l'allonger, & mettre
la derniere main à l'ouvrage

Quand l'ouvrage eft achevé, quelquefois l'Infecte veut fe fixer. Que fait il
donc dans cette vûe? Il attache fon envelope à l'étoffe par plufieurs fils de foye,
comme par autant de petits cordages,
collés à l'étoffe & à l'envelope même. Là
il brave les fecouffes les plus vives. Le
Duvet d'alentour, ou les brins flottans de
l'étoffe font, pour lui, des mets délicats.
Et ce qu'il y a de fingulier, c'eft que la
laine, qui lui fert de nourriture, fe dige-
re dans fon eftomac, fans que la couleur
de la laine s'altére.

La Teigne eft-elle parvenue à fon parfait accroiffement? Le tems de la Méta-
morphofe vient. Le petit Animal a foin de
bien clorre avec un tiffu de foye, les deux
ouvertures de fon étui, & bien-tôt il prend
la forme d'une Chrifalide d'un blanc jaunâtre d'abord, puis d'un jaune rouffâtre.
Enfin, l'Infecte brife fon envelope; il s'en-
vole, & c'eft un Papillon d'un gris argenté.

Est-il rien de plus curieux aux yeux d'un Physicien? Mais, Ariste, tandis que les Physiciens admirent les qualités & louent l'industrie de l'Insecte volage, il ne fait quartier ni à nos Tapisseries, ni à nos Fourrures. Il s'agit donc de lui déclarer la guerre, de lui rendre les étoffes des mets desagréables, ou de le faire périr. Les meubles frottés avec une toison graisse ne sont point de son goût; & l'odeur seule de l'Huile de Térébentine le tue. Enfermez dans une bouteille de verre plusieurs Teignes avec des bandes de papier légérement frottées de cette Huile: vous verrez les Teignes sortir de leur fourreau, s'agiter, se tourmenter, expirer. Apparemment les parties subtiles de l'odeur bouchent leurs organes de la respiration placés le long du dos, comme dans les Vers à Soye, qui périssent dès qu'on enduit d'huile les anneaux dont la suite fait la longueur de leur corps; en un mot, l'odeur de l'huile de Térébintine, la fumée de Tabac, l'odeur même de l'esprit de Vin sont trois sortes de poisons pour les Teignes. L'odeur conservée vingt-quatre heures, environ, dans les meubles, pourra faire périr les Insectes voraces; & les meubles exposés à l'air perdront le reste d'une odeur utile, mais importune.

Ariste.

Ariste. Etes vous aſſez inhumain, Eudoxe, d'en vouloir à la vie des Teignes? Ces petits Animaux ont tort, ſans doute, de ſe nourrir & de ſe vêtir à nos dépens. Mais enfin, les Phyſiciens ne devroient-ils pas leur faire grace à cauſe de leur adreſſe? Après tout, les meubles que les Teignes rongent chez les Philoſophes ne ſont pas d'ordinaire bien ſuperbes.

Eudoxe. Hé bien, faiſons leur grace, puiſque vous le voulez. Mais, Ariſte, n'eſt-il pas étonnant que la ſurface de la Terre ſoit ſemée d'une multitude innombrable d'Animaux preſqu'infiniment petits, qui trouvent leur nourriture & dans le ſuc des Plantes, & dans les Minéraux? Ils dépoſent leurs œufs ſur d'autres Animaux, ſur des Plantes, & ſur des Minéraux; ſelon que les ſucs divers, qui s'y rencontrent, ſont du goût des différentes eſpeces. Les œufs ſont à peine éclos, que les petits Vers ont, dans les ſucs qui tranſpirent, dans le ſang, dans les exhalaiſons, dans les Soufres, dans les Sels qu'ils ſucent, l'aliment propre à les déveloper. Dévelopés, ils ont leurs prérogatives, leurs goûts, leurs qualités. On obſerve dans quelques-uns juſqu'à ſix ou huit yeux, comme dans l'Araignée; dans d'au-

K 3

tres,

tres, une chaîne de cœurs depuis la tête
jufqu'à l'extrêmité du Corps, comme
dans le Ver à Soye. Frottez le Ver à Soye
avec un pinceau huilé, fans toucher à
la tête : il perd la vie, parce qu'il perd
la refpiration, qui fe fait par de petites
Trachées qui font rangées le long du
Corps. La même onction fait périr bien
d'autres petits Infectes. Il faut que la
refpiration porte l'air & la vie dans leurs
petits membres.

On en voit de la groffeur d'une Mite,
chercher leur aliment dans le Mortier.
D'autres font friands de pierres, & man-
gent les pierres fans façon. Le Corail,
tout dur qu'il peut être, eft un mets exquis pour d'autres. Il y en a qui s'attachent, fur-tout, à ronger le Cuivre, l'Argent, le Fer. Miner, percer en une
nuit de part en part une planche, la porte d'un Cabinet, une Poutre même, c'eft
un jeu pour une efpece de Fourmis. Les
plus petits Animaux, en infinuant leurs
crocs imperceptibles dans les interftices
des parties infenfibles, diffolvent des corps,
que les Animaux les plus grands & les
plus induftrieux, que les Hommes mêmes ne fauroient diffoudre.

Parmi ces petits Etres, vous en voyez
qui fe fignalent par la force & la célérité

de

de leurs mouvemens. Le Voltigeur le plus robuste & le plus léger, s'éleve à peine une fois sa hauteur ; & la Puce, à la faveur de six jambes & d'un petit ressort très délié, saute en l'air deux cens fois la hauteur de son corps.

La plûpart des petits Insectes meurent sur la fin de l'Automne, quand ils n'ont pas servi de nourriture auparavant à d'autres Animaux. Mais ils ne manquent pas de laisser des millions d'œufs, que le Printems & l'Eté font éclore. Tels Insectes ont vêcu long-tems, lorsqu'ils ont vêcu tout un jour ; & dans le peu d'instans qu'ils ont naturellement à vivre, ils savent perpétuer leur espece.

P. 90 l. penult. *Microscope*, comme je l'ai déja dit (*a*),

P. 91. l. 4 *l'autre* (*b*).

Ibid. l. 17. *petits?*

ARISTE. Mon imagination se perdroit

(*a*) Entretien XXI. Tom. II. p. 363.

(*b*) Je ne parle point du Vinaigre. On y voit à la simple vûe les petites Anguilles fourmiller ; & plus le Vinaigre est fort, plus il a de petits Insectes. Jettez quatre à cinq goûtes de bon vin dans une pinte de Vinaigre : les petits Insectes meurent presque sur le champ ; mais vous les verrez renaître quatre ou cinq jours après. Voulez vous du Vinaigre exempt pour toûjours de petits Vers ? mêlez y de la Thériaque, exposez au Soleil le mêlange bien bouché, pendant un mois : agitez le vaisseau de tems en tems. Au bout du mois, filtrez la liqueur.

K 4

droit parmi ces petits Etres, fi la vûe des petits ouvrages de l'Art ne la foutenoit dans la recherche de ceux de la Nature. Mais quand je penfe qu'on a fû renfermer dans le chaton d'une bague, au lieu d'un Diamant, une montre, qui marquoit exactement les heures (*a*), & dans une coque de Noix, toute l'Iliade d'Homere (*b*) ; les petits animaux ne me furprennent plus. Mais à quoi bon tant d'Animaux fi grands, & tant d'Infectes infiniment petits ?

E U D O X E. Quand, *par exemple*, l'Eléphant ne fourniroit que l'Yvoire, & la Baleine, que l'Huile qu'on en tire ; ne feroit-ce pas affez ? Pour les Infectes, les plus venimeux portent dans eux-mêmes les remedes & les fpecifiques les plus efficaces. Que ne devons-nous donc point à tant d'autres ? Voulons nous dans les étoffes un beau rouge ? La Cochenille le donne ; & la Cochenille n'eft que la partie poftérieure d'une forte de petite mouche. Hé, d'où nous viennent les Etoffes les plus précieufes, les plus riantes parures ; d'où vient la Soye ? D'un petit Ver qui la file, pour en revêtir ce qu'il y

a

(*a*) Le P. Schott. dit qu'il en a vû une. *Vidi. Mag. Univ.* Par. 1 p. 24.
(*b*) Pline. l. 7. c. 16.

a de plus riche & de plus noble dans l'Europe & dans l'Afie. Un autre petit Ver perce les arbres jufques à la moëlle, qu'il change en cire; l'Abeille nous en prépare pour les Autels. Combien d'Infectes, qui travaillent pour nous à notre infû! nous méconnoiffons leurs fervices, parce qu'ils ne nous les font pas fentir. Des milliers d'efpeces fervent d'aliment aux Oifeaux, aux Poiffons, à la Volaille, aux Animaux deftinés à nous fervir de nourriture. Enfin, les plus petits des Animaux, comme les plus grands, réveillent dans notre efprit l'idée d'une Puiffance infiniment fage, qui créa l'Univers & pour fa gloire, & pour notre bonheur; & vous demandez à quoi bon tant d'Animaux divers?

P. 92. l. 24. *Bornco.*

Ces Hommes Sauvages font apparemment des efpeces de Singe. Après tout,

P. 93. l. 12. *fait.*

J'ai vû dans les Mémoires de Trevoux la peinture d'un autre Homme Marin, un peu différent, & beaucoup plus récent. On le fait paroître à la hauteur de Breft en 1724, ou 1725, fi je ne me trompe; on lui donne 7 à 8 pieds de longueur. Il avoit, dit-on, la peau brune & bazanée, les yeux bien proportionnés, la bouche

K 5

petite,

petite, les dents blanches, les cheveux droits & noirs, la Barbe mousseuse; des especes de Moustaches sous le nez, les Oreilles marquées & placées naturellement, des pieds, des mains; les doigts distingués, mais avec des Nageoires, comme les Onglets des Canards (*a*). Il tourna plus de deux heures autour d'un Navire, on eût pû le prendre a la main; il parut frappé surtout d'une Peinture qu'il aperçut à la Proue du Vaisseau; puis, il s'éloigna & on le perdit de vûe.

Il y a dans l'Amérique un Animal, qui par le Museau, ressemble fort au visage de l'homme; cet animal se nomme le *Paresseux* .... „ dans une petite excursion, „ dit un Missionnaire (*b*), nous trouvâ- „ mes un *Paresseux*. Le nom convient „ bien à son indolence & à son inaction. „ Je ne crois pas qu'il pût faire cent pas „ en un jour dans le plus beau chemin. „ Il a quatre pattes armées de quatre „ griffes assez longues & un peu cro- „ chues. Sa peau est couverte d'un poil „ presque aussi long & aussi fin que la „ laine, sa queue est très-courte, & son „ mu-

(*a*) Mém de Trev. 1725. p 1502. le fait se trouve attesté par Olivier Morin, Capitaine, & Jean Martin, Pilote.

(*b*) Let. édifiantes & curieuses 20 Recueil p. 252.

„ mufeau reſſemble parfaitement au viſa-
„ ge d'un homme, qui auroit la tête en-
„ velopée d'un capuche bien étroit.

P. 96. l. 5. *monſtrueux*. Quand deux œufs, qui d'abord ne ſont guére qu'une eſpece de liqueur, viennent à ſe rencontrer & à ſe coller; ſi les ſucs de l'un ſe font jour par leur excès de force, pour paſſer dans l'autre, du moins dans quelque partie de l'autre, les ſucs de l'un ſont dès-là les ſucs de l'autre; & l'un ſe lie infenſiblement à l'autre, à peu près comme le Lierre s'attache à un Arbre, ou comme deux Arbriſſeaux s'attachent quelquefois enſemble; & c'eſt un Animal double, du moins un membre double: c'eſt un Monſtre. Apparemment bien des plantes, & des fruits, & des corps humains monſtrueux ſe forment de même. De là, l'on a vû, *par exemple*, dans un enfant, un ſeul foye, un ſeul eſtomac; mais deux têtes, quatre bras, quatre cuiſ-ſes, deux cœurs (*a*).

P. 96. l. dern. *d'innocens*.

ARISTE. Ce ne fut que plaiſir dans la Chaſſe des deux Princes. Mais je me ſouviens d'une Chaſſe fort extraordinaire, où loin de goûter un plaiſir pur, le
Chaſ-

______

(*a*) Journ. des Sav. 1677. p. 118.

Chaſſeur & la Bête pourſuivie cauſerent; l'un à l'autre, d'étranges frayeurs. La Bête n'étoit pas tout-à-fait un Monſtre, ce n'étoit qu'un Ours (a). Le Chaſſeur le tire, & le manque. L'Ours vient fondre ſur le Chaſſeur, & le deſarme. Que faire? Ce n'eſt pas le tems de déliberer. Déja le Chaſſeur eſt ſur le dos de l'Ours. La Monture & le Cavalier en ſont également ſurpris. La Monture, de ſecouer le Cavalier; le Cavalier de ſerrer la Monture & de ſe tenir ferme des deux mains au poil de l'Animal furieux. L'Animal confus & indigné s'agite, frémit, écume, fait un bruit effroyable; mais vainement. Il court, il ſaute, il s'élanche de Rochers en Rochers. Le Cavalier en fait autant. L'œil toûjours attentif à l'occaſion de s'eſquiver. Mais helas! il ne s'offre plus à ſes yeux qu'un précipice affreux, où l'Animal va le jetter, ce ſemble, & ſe jetter avec lui. Que fera le nouveau Cavalier? Las, forcé de quitter priſe, ſaiſi d'horreur, il ſe laiſſe couler doucement à terre. Vous craignez pour lui; raſſûrez-vous: L'Animal terrible, mais allarmé d'un événement inattendu & hardi, trop

content

____

(a) Richeomus de Valedict Anima Colloquio 12. Schott. Phyſ. Cur. Par. 2. l. 3. p. 927.

content de se voir délivré de son Cavalier à demi mort, ne fait que changer de route; il s'enfuit, & va cacher sa frayeur & sa honte dans les antres des Montagnes.

P. 97. l. 4. *raison?*

EUDOXE. Le sujet mérite quelque attention, &, ce semble, un Entretien particulier.

Sur l'Ame des Bêtes.

EUDOXE. Quand on fait quelques réflexions sur les Sens & sur les Opérations des Animaux, peut-on se persuader sérieusement, Ariste, que les Animaux n'ayent ni connoissance, ni sentiment, ni passion? Qu'ils n'ayent, pour principes de leurs actions, que des fibres, des Nerfs, des Muscles, des Ressorts, des Esprits ou des corpuscules déliés, pour faire jouer ces Ressorts? Les Esprits, les corpuscules déterminés uniquement par les impressions diverses des objets, à couler dans des Fibres, des Nerfs, des Muscles différens pour bander ou débander tels ou tels ressorts de la Machine animale, feroient-ils seuls, au gré des Cartésiens, tout le jeu que nous avons tant de peine à concevoir dans les mouvemens des Animaux? Les Animaux ne feroient-ils que des Marionnettes plus ou moins grandes, mais si artistement

K 7   tistement

tiſtement travaillées, que l'action ſeule de quelques corpuſcules imperceptibles ſuffiroit pour les animer (*a*) ?

ARISTE. Si les Bêtes avoient de la connoiſſance, un peu de ſentiment, un Ame acceſſible à la paſſion, à la colere ; les plus éclairées, les plus fieres & les plus furieuſes ſe ſeroient-elles montrées ſi peu ſenſibles à l'injuſtice, & à l'affront que leur auroit fait M. Deſcartes, de les dégrader, de les ſoumettre, comme une Montre, comme l'ouvrage d'un ſimple Artiſan, aux Loix d'un pur Méchaniſme? Parlons ſerieuſement.

P. 97. l. 16. *paroles* ; que la Statue de Memnon parloit dès qu'un rayon du Soleil Levant venoit lui toucher les levres? L'Art a fait des Serpens qui ſiffloient ; des Pigeons qui voloient (*b*) ; des Oiſeaux qui chantoient ; un Vaſe qui ſous une figure humaine alloit ſur la table de lui-même verſer du Vin pour égayer les Conviés. (*c*) Le P. Schott dit qu'il a vû des choſes étonnantes en ce genre. C'étoit

tan-

(*a*) Deſcartes fait des Bêtes autant de Machines ou d'Automates. L'Hypotheſe Cartéſienne, dit un Auteur ingénieux, révolte d'abord le préjugé naturel ; enſuite, elle amuſe la Raiſon ; enfin, la Raiſon la détruit en prenant le parti du préjugé. *Eſſai Philoſophique ſur l'Ame des Bêtes.* p. 57.
(*b*) Gellius. l. 10 *Noct. Attic.*
(*c*) *Mag. Univ. Par.* T. C. 6.

tantôt un petit Lézard de Carton qui se promenoit, montoit, descendoit sur la surface d'une Colomne; tantôt des hommes artificiels qui exerçoient des Métiers divers, des Arts, la Peinture même, avec tant de dextérité que vous les eussiez cru pleins de vie & de Raison; tantôt une Figure inanimée, qui, sous les dehors d'une jeune personne, jouoit du Luth avec délicatesse, dansoit en cadence, chantoit au même tems des airs harmonieux. Après avoir joué, dansé, chanté, la nouvelle espece de Danseuse & de Musicienne faisoit la révérence d'une maniere également grave & polie. Les Ouvrages célébres de Vulcain, ces Trepieds qui se promenoient d'eux-mêmes dans l'assemblée des Dieux étonnés; ces Esclaves d'Or, qui sembloient avoir appris l'art de leur maître, qui travailloient auprès de lui (a), font une sorte de merveilleux, qui ne passe point la vrai-semblance, & les Dieux qui l'admiroient si fort, avoient moins de lumieres apparemment, que les Méchaniciens de nos jours.

P. 97. l. 19. *Manege.*

Je vis dernierement au Collége de Louïs le Grand une Machine Angloise,

qui

______
(a) Homere. Iliad. 18.

qui à quelque chose de singulier. Elle
a deux especes de Tableaux mouvans.
Dans l'un de ces Tableaux, c'est un Or-
phée qui touche la Lyre dans une Forêt
au milieu des Bêtes sauvages, & qui marque exactement de la Tête & du Pied la
mesure différente de différens Airs que
joue la Machine. Vous diriez que les
Bêtes sauvages sont sensibles aux charmes
de cette Musique. Dans l'autre Tableau,
c'est la Terre & la Mer en perspective.
Sur la Mer, vous voyez des Vaisseaux
voguer, virer, diminuer peu à peu, des
Marsouins se rouler, jouer dans l'eau.
Sur la Terre, ce font des Cavaliers qui
changent de posture comme leurs Chevaux, quand il s'agit de monter ou de
descendre une colline; des Chaises, des
Chariots, dont les roues tournent, comme les roues des Chariots & des Chaises
ordinaires; un Moulin-à-eau, qui tourne
par l'action, ce semble, d'une eau écu-
mante; un Canard qui fuit & plonge à
différentes reprises, devant un Chien; un
Chien qui plonge après le Canard, & le
saisit enfin; un Cigne qui nage, qui allonge le col de tems en tems, & s'enfonce comme pour pêcher; qui le retire, l'é-
leve, le dresse fièrement, le tourne pour
s'éplucher sur le dos, ou arranger artistement.

ment ſes plumes, comme s'il étoit en vie. Tandis que ces objets divers arrêtent les yeux attentifs, on entend un Concert d'Oiſeaux, de Serins, de Roſſignols, &c. Une Machine, que deux Reſſorts animent, donne ce Spectacle varié.

P. 98. l. 3. *refuſer*. L'extérieur & l'intérieur de leur corps ont une reſſemblance, une analogie ſenſible avec le corps humain.

P. 98. l. 22. *mouvement?* Sera-ce ſur (*a*) la Puiſſance infinie du Créateur, & ſur la poſſibilité d'un Méchaniſme merveilleux, qui produiſe dans les Bêtes, ce qui ſemble partir d'un principe ſuſceptible de connoiſſance & de paſſion? Mais recourir à des poſſibilités méchaniques, pour anéantir ce principe dans les Brutes, tandis que l'Ecriture, le caractére de leurs actions, & l'analogie de leurs Opérations & de leurs Sens avec nos Sens & nos Senſations, conſpirent également à l'établir à nos yeux; c'eſt aimer mieux, ce ſemble, flotter au hazard de conjectures en conjectures, & ſe perdre dans des poſſibilités incomprehenſibles, que de ſe fixer dans le vrai, du moins dans le vrai-ſemblable.

ARISTE.

______

(*a*) Comme Deſcartes & les Cartéſiens.

ARISTE. Auſſi, l'on ſait que les A-nimaux, tout Bêtes qu'ils ſont, ne laiſ-ſent pas d'apprendre bien des choſes. Dans la Perſe, on fait des figures de bê-tes fauves. On donne à manger aux Oi-ſeaux de Proye dans le creux des yeux de ces Bêtes feintes ; & les Oiſeaux appren-nent de la ſorte à béqueter les yeux des Bêtes réelles, & à les arrêter juſqu'à ce que le Chaſſeur ſoit à portée de les tuer (*a*). Le Chameau même s'apprivoiſe & s'in-ſtruit. A peine a-t'il vû le jour, qu'on le fait coucher ſur le Ventre. On le tient dans cette poſture 15 ou 20 jours, lui donnant du lait, peu à la fois, pour l'ac-coûtumer à boire peu, & à ſe baiſſer, quand il s'agit de le charger, ou de le dé-charger ; & il devient très docile.

Mais il faudra donc que l'on donne aux Animaux, de la Raiſon ; & l'Ane de la Satyre ſera, ce ſemble, en droit de di-re alors :

Ma ſoi, non plus que nous, l'Homme n'eſt qu'une Béte (*b*).

EUDOXE. Evitons également les deux extrêmités.

ARISTE.

(*a*) Gemelli Tom. II. p. 253.
(*b*) Boileau Sat. 8. Mrs. Locke, Hartſoecker, & de la Chambre ont donné de la Raiſon aux Bêtes.

Ariste. Franchement, on obferve dans les Bêtes, des traits bien furprenans. Pourquoi le Chat guette-t'il tranquillement la Souris, jufqu'à ce qu'elle foit juftement à portée d'être prife, avant que de regagner fon trou ? Je ne voudrois point aflûrer ce qu'on rapporte, comme un Fait (a), que des Hirondelles indignées de voir un Moineau Pofleffeur opiniâtre d'un de leurs Nids, vinrent en foule, le Gofier plein de boue, fondre fur le Nid, & en fermer l'ouverture pour étouffer l'Ufurpateur dans fa poffeffion inique. Mais on a vû, *par exemple*, des Chiens aller fidellement achetter de la viande (b), préparer les couverts, ouvrir & fermer la Porte, faluer, faire un concert avec un Perroquet (c), danfer, appeller chacun par fon nom (d), jouer un rôle fur la Scene (e), guider les Pauvres aveugles, chez les perfonnes accommodées & en état de foulager leur mifére, porter des Lettres d'une Ville à une autre (f), marquer

de

(a) Arrivé à Cologne. P. Schott. *Phyf. Cur.* Par. 2. l. 9. p. 1008.

(b) Juft. Lipf. *Cent.* 1. *Ep. ad Belgas, Ep.* 44. *Hæc à nobis fpectata.* Une perfonne m'a dit en avoir vû un.

(c) Le P. Kirker en a été témoin. *Ep. ad P. Schott. Phyf. Cur.* Par. 2. l. 8. p. 835. 836.

(d) *Biondo tefte.* Ibid. p. 840.

(e) *Ex Plutarcho.* Plutarque dit qu'il fut un des Spectateurs. *Cujus fpectator Roma fui. De folertia animalium.*

(f) Juft. Lipf. *Ep.* 44.

de la fenfibilité dans les malheurs de leurs Maîtres, les venger après leur mort, les accompagner juſques ſur le Bucher, ou dans le Tombeau, refuſer de prendre de la nourriture & mourir de triſteſſe (a). J'ai vû un Elephant tirer un coup de Fuſil, & faire l'exercice du Drapeau. L'Elephant & le Chameau n'apprennent-ils pas à danſer? La Muſique les égaye. Mais arrive-t'il quelque accident à leur Maître? Quelquefois ils ſe livrent à la douleur, juſques à verſer des larmes.

On ſait que dans le tems de l'Ambaſſade de M. de Chaumont à Siam, le Roi de Siam faiſoit ſervir un Elephant blanc en Vaiſſelle d'Or (b). Sans doute ce Prince croyoit l'Elephant aſſez raiſonnable pour y être ſenſible. Hé ne prit-on pas gravement congé de trois Elephans que le Roi de Siam envoyoit aux trois Princes petits Fils de France? Les Siamois leur parlerent à l'Oreille; ils leur ſouhaiterent un bon voyage; ils les exhorterent à ne point ſe chagriner dans la route, à ſe rejouïr au contraire de ce qu'ils alloient ſervir trois grands Princes (c).

M.

_____

(a) Plutarque. *De ſolertia Animalium.*
On dit que les Meurtriers d'Héſiode furent découverts par le Chien d'Héſiode même. *Ibid.*

(b) Rélat. de l'Ambaſſade de M. le Chev. de Chaumont à la Cour du Roi de Siam.

(c) Cerém. Relig. des Peuples Idolâtres. 4 V. p. 75.

M. L'Abbé de Choifi, qui étoit de l'Ambaffade, parle *(a)* d'un autre Elephant célébre dans l'Orient. Cet Elephant paffe pour avoir eu bien de la Raifon; mais auffi, pour en avoir fait un fort mauvais ufage. C'étoit, dit-on, un fameux Voleur de grand chemin. Il n'en vouloit point à la vie des Voyageurs : mais il les dépouilloit fans façon, & s'emparoit de leurs dépouilles. Un jour, il arrête un Marchand; il lui montre un de fes pieds, en jettant un effroyable cri. Le Marchand regarde; il voit une groffe épine; il l'arrache. L'Elephant ne ceffa de careffer fon Bienfacteur. Il le prend avec fa trompe; il le met doucement fur fon dos; il le porte à fa Caverne, & le laiffe généreufement en poffeffion de tous les biens qu'il a acquis fur le grand chemin *(b)*.

E u d o x e. Apparemment, Arifte, vous ne faites pas plus de fonds que moi fur cette Hiftoire.

A r i s t e. Après tout, Eudoxe, j'ai vû quelque chofe d'affez fingulier en ce genre-là. Je ne fai fi l'Elephant que j'ai vû tirer un coup de Fufil defcendoit en
droite

_____

(a) Journ. du Voyage de Siam par M. l'Abbé de Choifi. Let. du 26. Nov.
(b) Page 53.

droite ligne de celui de M l'Abbé de Choiſi, ni s'il en avoit hérité les inclinations : mais je ſai que lorſqu'on en approchoit, il eſſayoit adroitement de porter ſa trompe dans la Poche, & qu'il prenoit doucement ce qu'il y trouvoit. J'ai été témoin de quelques-uns de ſes eſſais. Apparemment l'Art y avoit plus de part que la Nature.

Mais enfin, comment refuſer, du moins au Singes, quelque étincelle de **Raiſon**; tandis que M. l'Abbé de Choiſi en donne tant à ceux du Cap de Bonne-Eſperance? Ils ſont, dit-il (a), ſur la Montagne voiſine, „ d'où ils deſcendent en grand nom-„ bre dans la ſaiſon des Melons pour en „ faire leur proviſion. Avant que d'en-„ trer dans le Jardin, ils poſent des Sen-„ tinelles ſur des Rochers, ou ſur des „ Arbres. Ils marchent enſuite en bon „ ordre. Les plus hardis entrent dans le „ Jardin, & prennent les Melons, qu'ils „ donnent de main en main. Quand ils „ ſe ſentent pourſuivis, ils mettent le „ Melon à terre fort proprement, & le „ défendent à coups de pierre. " Les Indiens regardent les Singes comme des eſpeces

(a) Ibid. Let. du 2 Juin 1685 Journ. des Sav. 1688. Fev. p. 181.

peces d'Hommes Sauvages, & le P. Bouchet dit qu'un *Brame*, qui lui racontoit des Hiftoires, finit en lui difant que c'étoit par malice que les Singes ne vouloient point parler, de peur qu'on ne les appliquât au travail (*a*) ; & vous n'accorderez pas un peu de Raifon, même aux Animaux qui paroiffent les plus fpirituels?

P. 99. l. 5. *mieux*. Les Animaux qui pourroient articuler comme la Pie, le Perroquet, & le Chien Allemand, aprendroient à nous déveloper leurs penfées par le moyen de la parole ; les Animaux qui ne fauroient parler, trouveroient, comme les Muets, l'art de fe faire entendre par des geftes & des fignes divers.

La Linotte, qu'on a fifflée, ne rediroit pas toûjours la même chanfon. Le Perroquet & le Chien Allemand, ne prononceroient pas toûjours les mêmes mots précifément, les mêmes expreffions qu'ils ont entendues, & dans le même ordre. Ils varieroient l'arrangement de leurs expreffions & de leurs mots ; ils en feroient de nouveaux affortimens pour exprimer de nouvelles penfées. Ils produiroient quelque chofe de leur fond. Capables de
penfer,

(*a*) Let. du P. Bouchet à M. Huet, Ancien Evêq d'Avranches.

penser, de réfléchir, de raisonner, & d'articuler les paroles, ils chanteroient quelques airs, & nous tiendroient quelques discours de leur façon ; & de tems en tems, nous verrions paroître sur l'Horison, dans leurs personnes, de beaux Esprits d'une trempe & d'une espece nouvelle.

Mais c'est toûjours même chanson, même langage, même train de vie ; c'est une Routine, dont l'uniformité surprenante marque dans la Brute un Méchanisme excellent, & un principe sensitif, animé par le moyen de la Machine du corps, & qui anime la Machine même, réglé par le plaisir ou par la douleur ; c'est-à-dire, qui reçoit par les organes de la Machine des Sensations agréables ou desagréables, suivies des passions qui font jouer les Ressorts de la Machine, pour opérer les mouvemens nécessaires à la conservation de l'Animal & de l'espece.

Quels traits d'une Sagesse universelle, qui conduit tout en suivant des Loix constantes & simples ! L'Auteur de l'Univers a voulu que les Animaux pussent servir à la beauté de l'Univers même, à l'usage des hommes, à la gloire. Sa Sagesse a mis, dans une Machine digne d'elle, un principe de sentiment. Ce principe de

senti-

fentiment, elle le dirige par une perception des corps, par une vûe confufe,
qu'elle lui donne, de ce qui nuit à la
Brute, & de ce qui la conferve, & conferve l'efpece. La perception des chofes,
qui lui font nuifibles, eft accompagnée de
douleur. Le plaifir accompagne la perception des chofes, qui lui font utiles. Le
plaifir fait naître le defir, ou l'amour de
l'objet agréable. La douleur produit la
crainte & la haine de l'objet douloureux.
L'amour & la haine font des efforts con-
traires; l'un pour faifir fon objet; l'autre,
pour fuir le fien. Les efprits animaux,
dociles aux efforts de la paffion qui domi-
ne, fuivent les loix de l'union de l'ame &
du corps, coulant avec la mefure & la
proportion qui convient, dans les nerfs
& les mufcles, deftinés à feconder les efforts de la paffion ; ils racourciffent les
mufcles, ils les allongent comme dans
l'homme (a). Ils font jouer les refforts de
la Machine, & ce jeu porte la Brute vers
l'objet qui lui plaît, ou l'éloigne de l'objet, qui lui déplaît. Ce jeu s'exécute &
varie à l'infini, felon que les impreffions
indélibérées de plaifir & de douleur dans
l'ame, font plus ou moins vives, & que
le

(a) Tom. II. Entretien IX. p. 176, 177.

le Méchanifme du corps eft plus ou moins délicat, plus ou moins délié, plus ou moins fenfible & aux impreffions des objets extérieurs, & aux impreffions qui viennent des paffions de l'ame.

Telle eft l'origine des careffes d'un Chien fidele, de la guerre opiniâtre que le Chat fait depuis cinq à fix mille ans à la Souris, de la Toile ourdie par l'Araignée, & de la police des Abeilles. Pourquoi voyons-nous les Abeilles voltiger de Parterres en Parterres? c'eft que la douce odeur de la Cire, du Miel, des Parfums les attire de Fleurs en Fleurs, jufqu'à ce que raffafiées & chargées des Sucs, elles foient plus vivement touchées par la perception, par le fouvenir de la Ruche, qui les rappelle, que par l'odeur même des Fleurs, qui leur préfentent de nouveaux Sucs. D'autres perceptions, d'autres attraits fixent d'autres Abeilles dans la Ruche, & les déterminent, les unes à décharger celles qui viennent de faire la récolte dans les Prairies ou dans les Jardins fleuris, à recueillir, à ramaffer, à dépofer, dans les Magafins, le Miel ou la Cire; les autres à conftruire les Alveoles, à bâtir les petites Cellules, à former les Rayons, à élever l'édifice commun de tout un petit Etat, felon le modele qu'une

Sageffe

Sageſſe ſupérieure a comme gravé dans leur imagination.

Ainſi, la combinaiſon du ſentiment & du méchaniſme, la vivacité des ſenſations & la docilité des organes, font quelquefois parmi les Animaux des choſes, que la Raiſon fait, ou ſemblables à celles que la Raiſon fait parmi les hommes. De-là, nous prêtons aux Animaux les raiſonne-mens qui nous font agir. Et nous nous dégradons un peu légérement pour enno-blir les Bêtes. Vous avez pû voir, A-riſte, un cercle de Dames, ſérieuſement occupées à faire éloquemment l'éloge, chacune, de ſon petit Chien, ou de ſa pe-tite Chatte. Ces petits Animaux cheris ont mille tours, mille ruſes, mille adreſ-ſes. Leurs motifs, leurs deſſeins, leurs moyens, tout eſt admirable; rien de mieux imaginé, de plus judicieux. On ne tarit point ſur leurs traits de prudence. Ce ſont les plus jolies Créatures, les petites Bêtes les plus ſpirituelles du monde. C'eſt-à-dire, que ſur quelque reſſemblance d'actions extérieures nous donnons aux Animaux nos réfléxions, nos lumieres. Nous croyons qu'ils rafinent, où ils n'en-tendent nullement fineſſe. Nous voulons qu'ils raiſonnent, tandis que c'eſt nous, qui raiſonnons pour eux. Il faut toûjours

 re-

regarder les Bêtes comme des Bêtes. La prérogative de l'Homme ne fut jamais leur partage. Aussi, les différentes especes d'Animaux, ne sont-elles pas devenues plus accomplies, plus industrieuses avec le tems; le dernier Nid du Roitelet n'est pas, ce semble, plus artistement agencé, que le premier. La premiere toile de l'Araignée, le premier édifice du Castor, les premiers rayons de l'Abeille ont toute leur perfection. Les Ouvrages des Brutes ne se perfectionnent, ni ne varient bien sensiblement. La Raison perfectionne & varie les siens. Ceux des hommes ont des progrès & des varietés à l'infini.

ARISTE. Après tout, Eudoxe, n'est-il pas étonnant que le Castor, le petit Roitelet, l'Araignée, & l'Abeille, fassent, sans raisonner, sans le secours de l'habitude ou de l'Art, & pour ainsi dire, à leur insû, des ouvrages que la Raison de l'Homme avec le secours de l'Art, de l'expérience, & de l'habitude imiteroit à peine?

EUDOXE. J'aurois plus de penchant à donner aux Animaux de la Raison, si j'en voyois moins jusques dans leurs premiers Ouvrages. Des Ouvrages, où il brille tant d'art & d'industrie, ne sont

pas

pas les premiers essais d'une Raison particuliere, que la Brute posséde en propre; à moins que la Raison, qui va chez les hommes à pas si lents, ne se dévelope tout à coup dans les Bêtes; qu'elles ne voyent dès leur naissance une file de conséquences, que la Raison humaine ne voit point après bien des années; & qu'elles ne trouvent dans leur propre fonds, avant l'expérience & l'âge, ce que l'âge & l'expérience, ne nous donnent point. Seroient-elles en état de nous servir de Maîtres, sans en avoir eu? Disons quelque chose de plus raisonnable. La Raison souveraine qui veille au bien du plus petit Insecte, pour le bien de l'Univers, pour notre usage, & pour sa gloire, supplée au défaut d'intelligence dans les Bêtes, en leur donnant des organes, qui font un Chef-d'œuvre de méchanique, & en présentant à leur imagination le modele ou le dessein de tant d'Ouvrages, & de mouvemens utiles, & pour leur conservation, & pour la propagation de leur espece.

ARISTE. C'est-à-dire, que vous mettez sur le compte de l'Intelligence suprême, & cet assortiment de vûes, de sentiment & de méchanisme, qu'on nomme *Instinct* dans les Animaux, & le principe qui fait tant d'Ouvrages proportionnés à leur efpece, & fi réguliers, indépendamment des leçons, de l'art & de l'habitude. Mais du moins, ces habitudes nouvelles qui fe forment dans les Bêtes, femblent fuppoſer quelque intelligence dans les Bêtes mêmes.

Eudoxe. Un Principe intelligent eſt proprement un principe qui réunit en foi la réfléxion, le raifonnement & la liberté. Les habitudes nouvelles ne demandent point dans les Bêtes un principe fi fublime. Un principe purement fenfitif fuffit. Les objets extérieurs font paſſer leurs impreſſions, par les organes des Sens, juſques au Cerveau. Ces impreſſions y gravent des traces, qui les caractérifent. Il fe forme dans l'ame, felon les Loix de la Nature, des perceptions conformes à ces traces, des perceptions, des fentimens de douleur ou de plaifir; ces perceptions, ces fentimens, produifent dans les organes, à leur tour, des mouvemens proportionnés. De-là, les actions extérieures des Animaux. Les mêmes objets réitérent-ils fouvent les mêmes impreſſions dans les organes? les mêmes traces fe réitérent, les mêmes perceptions, les mêmes mouvemens, les mêmes actions. Les mêmes organes, fe plient, s'accoûtument

tument pour ainfi dire, aux mêmes impreffions, aux mêmes mouvemens. Il ne faut prefque rien pour les réitérer, ces mouvemens. Si plufieurs objets ont renouvellé fucceffivement, mais immédiatement les uns après les autres, leurs impreffions, leurs traces, leurs perceptions, leurs mouvemens propres; toutes ces chofes fe trouvent liées, enchaînées enfemble. Une feule reproduit toutes les autres. Une trace renouvellée renouvelle toutes les autres traces en y dirigeant les efprits; un fignal, un gefte, un rien donne le branle à tout, & nous fait revoir avec étonnement dans les Bêtes une fuite de mouvemens, d'actions, de Phénomenes. De-là, les habitudes de rapporter, de faire des meffages, de parler, de chanter des airs, de danfer &c. La Raifon divine guide les Animaux dans l'Inftinct, qui prévient les habitudes; la Raifon de l'Homme, le fait dans les habitudes mêmes.

P. 99. l. 15. *corps?* La Matiere modifiée fera-t'elle des chofes qui paroiffent tant au-deffus de la matiere, & fi approchantes de la Raifon?

P. 100. l. 4. *corps (a)* ? Le fouvenir d'une

(a) Quoique l'Ame purement fenfitive des Bêtes ne foit pas libre, elle fouffre fans injuftice. Dieu l'a faite pour l'utilité

d'une Souris prife à une certaine diftance de fon trou détermine le Chat à courir fur une autre, précifément, lorfqu'elle eft à peu près à la même diftance. Certaines paroles ; certains geftes retracent dans l'imagimation du Chien, les traitemens, bons ou mauvais, qu'il a reçûs dans les circonftances où l'on faifoit ces geftes, où l'on prononçoit ces paroles ; cette vûe le détermine à faire les mêmes efforts ; les efprits animaux coulent dans les mêmes nerfs, dans les mêmes mufcles, & ce font les mêmes mouvemens, une mort feinte, une danfe réitérée, un voyage fait &c. Comment apprend-on aux Chameaux mêmes, à danfer ? On les enferme (a) dans un endroit où la chaleur du pavé les force de lever les pieds & de remuer alternativement les jambes ; c'eft une forte de danfe. On bat le Tambour au même tems. Ces efpeces de leçons fe réitérent. Dans la fuite, le fon du Tambour rappelle dans l'imagination de ces animaux la chaleur du pavé. Ce font les mêmes efforts, comme pour éviter la même incommodité ; les efprits coulent dans les

l'utilité d'autres Etres ; & la mefure des biens qu'il lui difpenfe, furmonte celle des maux. Auffi tâche t'elle toûjours de fe conferver la vie.

(a) *Phyf. Chr.* Par. 2. l. 8. p. 816.

les mêmes Vaiffeaux; & c'eft le même jeu. L'imagination, la memoire, & les fenfations exquifes produifent dans les Animaux les paffions, les mouvemens indélibérés dont les plus forts font toujours fuivis, & font jouer les refforts par le moyen des efprits, pour faire fans réfléxion, des chofes que les plus beaux Genies ont peine à comprendre.

P. 102. l. 22. 23. *terreftres*. Tous les Corps terreftres perdent de leur fubftance infenfiblement. On fait que les Plantes font odoriférantes, & que les Animaux tranfpirent; l'Ambre Gris & le Mufc fe defféchent; les Minéraux fe diffipent. L'Or blanchit bien-tôt proche du Vif-argent. On expofe à l'air du Camphre, gros comme une Noix; après quinze jours il n'en refte plus. Les Métaux, l'Or même, tout diminue de poids, tout fe confume par une efpece de tranfpiration infenfible; tout va fe perdre dans l'Air (*a*).

P. 105. l. 14 *l'Air*. L'humidité pénétre quelquefois dans les cordes d'un Luth jufqu'à les rendre plus pefantes, les enfler, les caffer.   P. 108.

___

(*a*) De l'Eau-de-Vie, l'on tire, même fans feu, de l'Efprit-de-Vin, en couvrant de Neige le chapiteau de l'Alambic. Les particules les plus déliées étant évaporées, font réunies en goutes fenfibles par le froid du chapiteau.

P. 108. l. 18. *desagréable*. Il y a dans l'Italie, à deux lieues de Naples, une Grotte fameuse, qui vomit une exhalaison plus nuisible encore. La Grotte a six pieds, environ, de largeur, sept de hauteur, quatorze de longueur. Un Animal y meurt bien-tôt. En moins d'une minute un Chien y perd le sentiment. Pour le faire revenir, on le jette dans l'eau d'un Lac voisin. L'eau le ranime (a). Apparemment l'exhalaison sulfureuse, grossiere & maligne saisit & ferme les levres de la Glotte, mais sur-tout les Conduits capillaires du Poumon, embarrasse les Orifices, & bouche les passages de l'Air dans le Sang, qui fermente trop, faute de fraîcheur, & dont la fermentation excessive va fermer les tuyaux des esprits. La fraîcheur de l'Eau diminue la fermentation du Sang. Les conduits des esprits s'ouvrent. Le Chien se réveille; il s'agite violemment. L'agitation violente dégage les conduits de la respiration. L'Animal respire & revit ; plus heureux, que bien des hommes que des exhalaisons, à peu près semblables, ont fait périr ailleurs tout à coup, & dans des Cavernes & dans des Puits.

P. 127.

(a) B.bl. des Phil. Tom. II. p. 34.

P. 127. l. 8. *règlés.*

Ce font apparemment de ces Courans, qui, quelquefois arrêtent tout d'un coup les Navires, malgré l'action du vent & des rames (*a*).

Eudoxe. Je le croi : néanmoins, j'aime à voir Pline attribuer de pareils événemens à l'efficace de je ne fai quel petit Poiffon ; & avec quelle éloquence ne le fait il pas ! „rien de plus fort, dit-„il, (*b*) que les coups des Rames, & „l'impétuofité des Vents ; ajoûtez-y la „violence du Flux, de la Tempête, de „toute une Mer emportée, comme un „Torrent épouvantable : fixer tout à „coup le mouvement d'un Vaiffeau fur „ce Torrent, & braver tous les efforts „des Hommes, la fureur de la Mer & „des vents déchaînés ; ce n'eft qu'un jeu „pour un petit Poiffon.“ Mais, le petit Poiffon ne peut vaincre des efforts fi vio-lens que par un effort contraire ; & quand il auroit dans fa petiteffe, une force ex-traordinaire, & auffi réelle, qu'elle eft peu vrai femblable, où trouveroit-il dans les Eaux un point d'appui capable de te-nir

(*a*) *Teftis affero*, dit le P. Kirker. *Experimento didici, in freto Siculo*, dit le P. Schott. *Phyf. Cur.* Par. 2, l. 10. pag. 1108. 1114.
(*b*) Plin. l. 32. c. 1.

L 6

nir contre la force des Rames, des Courans, & des voiles enflées par le vent? Si
dans la Bataille d'Actium, le Vaiffeau
d'Antoine fe vit tout à coup immobile
avec un vent favorable, il falloit s'en
prendre plutôt, ce femble, à l'obftacle de
quelque Courant paffager caufé peut-être
par un vent forti du fond de la Mer, qu'à
je ne fai quelle vertu fecrete & imaginaire
de la Remore.

P. 129. l. 11. *l'air*. Quoique le Bois
foit de lui-même, plus pefant que l'Eau;
cependant avec l'air qu'il renferme dans
fes pores, il fait un volume plus léger &
que l'Eau foûtient. Ainfi, les exhalaifons & les vapeurs font, d'elles-mêmes,
plus pefantes que l'air; mais avec la matiere déliée qui les accompagne, elles font
un volume plus léger, & que l'Air peut
foûtenir dans la Nuée.

P. 130. l. 5. *paffages*. L'Eau de la
Mer eft plus denfe que les nuages; néanmoins, les Nuages font plus opaques, ou
moins tranfparens. Les Nuages dérobent
à nos yeux le Soleil, que l'on voit du
fond de la Mer. C'eft que dans la Mer,
les paffages de la Lumiere font plus droits,
& plus libres; & que dans les Nuages,
ils font plus tortueux, & plus interrompus. Les vapeurs difperfées rompent les
rayons

rayons en mille manieres; tant de réfractions affoibliffent les Rayons, & les exhalaifons qui leur ferment les chemins, les
empêchent de venir fraper nos fens.

P. 132. l. 17. 18. *enfemble (a)*,

P. 132. l. 20. *d'exhalaifons.*

Une des qualités de l'eau de Pluye,
c'eft d'être bonne à boire. On juge de
la bonté de l'eau par fa légereté, par fa
tranfparence, par fon infipidité. La meilleure à boire, c'eft ordinairement la plus
légere, la plus tranfparente, la plus infi-
pide, parce que c'eft la plus pure. Eft-
elle trouble, pefante ou favoureufe? C'eft
qu'elle n'eft pas pure; qu'elle contient
des corps étrangers, qui lui donnent du
goût & du poids, & qui bouchent les
paffages de la Lumiere; des Sels, des Soufres, ou des parties Métalliques, terreftres, fablonneufes, capables d'altérer le
fang tôt ou tard, de le charger, de l'é-
paiffir,

(a) Pour favoir ce qui tombe de pluye, on expofe à la
pluye un Vaiffeau de Fer blanc, qui a quatre pieds de large, avec des rebords de fix pouces de haut, un peu de
pente, une petite ouverture, un tuyau qui conduit dans
une Cruche. La pluye paffée, on mefure l'eau de la Cruche avec un petit Vafe, où la hauteur de 32. lignes vaut
une demie ligne fur la furface du grand Vaiffeau de Fer
blanc. L'eau tombée monte-t'elle à trente-deux lignes
dans le petit Vafe? Il eft tombé une demie ligne d'eau.
L'on tient un mémoire de ce qui tombe chaque fois qu'il
pleut, Hift, de l'Acad, 1700.

L 7

paiſſir, de cauſer des obſtructions, des maladies, des concrétions, la Pierre, la Gravelle &c.

Or, de toutes les eaux, la plus légere, la plus tranſparente, la plus inſipide, la plus pure, c'eſt l'eau de pluye. La pluye eſt compoſée de vapeurs élevées en l'air; & les vapeurs qui s'élevent, ſont les parties aqueuſes les plus légeres, les plus déliées, les plus fluides, les moins mêlées de corpuſcules étrangers & groſſiers, capables de cauſer quelque ſaveur, quelque excès de peſanteur ou d'opacité. Delà, le pain fait avec de l'eau de pluye en eſt plus léger.

Le commencement du Printems eſt bon pour ramaſſer de l'eau de pluye. La chaleur n'eſt point encore aſſez forte pour élever & mêler avec les vapeurs des exhalaiſons groſſieres & pernicieuſes. On peut recevoir l'eau de pluye dans de grands vaiſſeaux placés au milieu d'un jardin, & la conſerver dans des vaſes de Terre bien fermés, en ſorte qu'elle ne puiſſe s'évaporer, ni être altérée par l'action de l'air & des corpuſcules qu'il porte.

Après les eaux de pluye, les eaux de Riviere ſont les meilleures à boire. A quelque diſtance de leurs ſources, elles ſont plus légeres, plus pures. Un excès

de

de pesanteur précipite enfin au fond de l'eau les particules minérales & les corpuscules grossiers.

Les eaux de Fontaine, qui ne font que de sortir de la Terre, étant plus chargées de matieres minérales, ne font pas généralement si légeres, si pures, si faines dans l'usage ordinaire, que l'eau de Riviere & l'eau de pluye (*a*).

P. 132. l. penult. *Terre* : quand les pierres suent ; que la flamme s'éleve difficilement & comme en bondissant ; que l'on voit une Iris autour de la flamme d'une chandelle ; que les chats se frottent la tête avec une patte, & le reste du corps avec la langue ; que les Abeilles ne sortent point de leurs Ruches ;

P. 133. l. 15. *descendre*. Les vapeurs humides venant à se réunir sur les pierres, y forment des goutes sensibles, & plus grossieres, plus difficiles à fendre que l'air ; elles résistent tantôt plus, tantôt moins

---

(*a*) Faites bouillir de l'Eau de Pluye. Laissez-là refroidir un jour exposée au grand Air. Il en sortira plus d'Air, que si elle n'avoit pas bouilli, selon l'expérience de M. Leuwenhoek (1). Il faut donc que l'Air rentre dans l'Eau, puisque la chaleur l'en fait sortir lorsqu'elle boût ; & que l'Air y rentre d'autant plus aisément que la chaleur, en le faisant sortir, a rendu les pores de l'Eau plus grands.

(1) *Arcana Naturæ detecta*, p. 275. *Lugduni Batavorum* 1722.

moins à l'élevation de la flamme, qui semble bondir. Les rayons, qui partent de la flamme, produifent, en traverfant les vapeurs, des efpeces d'Iris, quelquefois affez femblables à ces couronnes qui paroiffent autour de la Lune dans un tems pluvieux. Les chats ne trouveroient-ils pas quelque plaifir à recueillir avec la Langue, l'humidité qui s'arrête fur leur poil? Si les Abeilles font oifives malgré leur activité naturelle, c'eft qu'apparemment les vapeurs, qui commencent à defcendre infenfiblement jufques fur les Fleurs, rendent plus difficile & le vol des Abeilles, & la récolte de la Cire & & du Miel.

P. 133. l. antepen. *s'attachant* (*a*).

P. 135. l. 25. *nature*. Auffi, le voifinage du Mont Etna & des autres Volcans entend-il plus fouvent (*b*) le Tonnerre gronder?

P. 136. l. 10. *pur*. Lucrece, plus férieux qu'Horace, ne fit ni gronder

der

____

(*a*) On dit dans l'Hiftoire de l'Académie des Sciences 1703. p. 19. que le 17. May de la même Année, il tomba dans le Perche une grêle, dont les moindres grains étoient gros comme des Noix ; les moyens comme des œufs de Poules ; les autres comme le poing, & pefans cinq quarterons.

(*b*) Lucr. l. 6. v. 98. 246.

der le Tonnerre, ni voler la Foudre dans un Ciel d'Azur.

Nec fit enim sonitus cœli de parte serena.
Fulmina.... cœlo nulla sereno (a).

P. 136. l. 21. *Nuages.*

Eudoxe. Vous abregez furieusement le chemin que Pline faisoit faire à la Foudre. Il la faisoit partir des Planetes les plus éloignées, tantôt de Mars, tantôt de Saturne; mais surtout de la Planete qu'on nomme Jupiter (b); & à l'entendre, c'étoit pour cela que les Peintres & les Poëtes peignoient Jupiter la Foudre à la main. Et vous la faites venir des Nuages, qui descendent presque jusques sur nos têtes.

P. 14;. l. 26. *pieds.*

Eudoxe. Après cela, je doute que vous soyez d'humeur a croire, comme les Anciens, que le Laurier ait une vertu secrete, qui le rende inaccessible à la Foudre; & la précaution que l'on dit (c) que Tibere prenoit de se mettre une Couronne de Laurier sur la tête, dès qu'il entendoit le Tonnerre, étoit apparemment

aussi

(a) *Expertus id sum in Siciliâ*, dit le P. Schott. *Phys. Cur.* Par. 2. l. 11. p. 1226.
(b) Pline l. 2 Hist. Nat. c. 20.
(c) Ant. le Grand. *Hist. Natura.* Journal des Sav. 1679. Avril. p. 92.

auſſi vaine, que celle qu'on fait prendre à Auguſte, d'avoir toûjours des peaux de Veau-Marin prêtes, pour être en état de braver la Foudre. Vous ſeriez plus en ſûreté dans une cave bien voutée & bien fermée. Une bonne Voute, l'Air qui n'auroit point d'iſſue pour ſortir, ſeroient capables d'arrêter ou de détourner l'exhalaiſon la plus violente, qui ne trouveroit nul accès pour pénétrer juſqu'à vous.

P. 150. l. dern. *l'endommager* (a).

P. 151. l. 4. 5. *paroître*. Que dis-je? Muret n'aſſûre-t'il pas (b) que le Tonnerre a fondu dans la Chambre d'un de ſes Domeſtiques, voiſine de la ſienne, une Epée, ſans endommager le foureau?

P. 152. l. 7. *bleſſer?* Evénement ſingulier; qui n'eſt pas néanmoins le premier de cette eſpece (c).

Ibid. l. 14. *brûler?* Une autre expérience

(a) *Curat item ut vaſis integris, vina repentè diffugiant.* Lucrece l. 6. v. 229.

(b) *Mihi hoc contigit, ut ... Fulmen in Palatium decidens, ad mea uſque cubicula pervenerit. Ibi Gladii, qui ad lectum unius è famulis meis pendebat, mucronem ipſum ita colliqueſecit ut in globulum converterit, vaginâ prorſùs illaſâ.* In notis ad c. 31. l. 2. *Natural. Quaſt. Seneca.*

(c) Le P. Schott. dit qu'il a connu un homme à qui la même choſe étoit arrivée. *Phyſ. Cur.* Par. 2. l. 11. pag. 1236.

rience peut fervir à confirmer ma penfée.
L'expérience demande une Chambre petite, obfcure, & bien fermée (a). Mêlez de l'Efprit de Vin avec du Camphre
dans un Baffin. L'Efprit de Vin pourroit fuffire. Faites bouillir le mêlange.
Il fe diffipera ; ce ne fera plus qu'une exhalaifon répandue dans toute la petite
Chambre. Quand il fera diffipé, qu'il
aura difparu ; fi quelqu'un ouvre la porte, tenant à la main une bougie allumée,
l'exhalaifon déliée s'allumera tout à coup;
ce fera un Eclair qui brillera de toutes
parts à vos yeux, une flamme très légere, incapable d'offenfer l'organe le plus
tendre.

P. 152. l. 21. *bleffure (b)*. Monfieur
du Verney fit l'ouverture du Corps d'un
jeune homme qui avoit été frapé de la
Foudre fur la Seine. Ceux qui étoient
fur le Bâteau, crurent d'abord qu'il dormoit ; on l'ouvrit deux heures après.
Toutes les parties étoient faines, à la
réferve du Poumon que l'on trouva tout
flétri.

P. 158. l. 15. *inftant*.
La Montagne de Firenzola dans l'A-
pennin,

(a) Le P. Schott. *Mag. Univ.* Par. 4. l. 2. p. 125. Ozan.
Recr. Math. Tom. III. Édit. nouv. p. 102.
(b) Hift. Acad. 1693. l. 4. f. 2. c. 1.

pennin, donne fans fente & fans ouverture, une flamme durable, qui fe conferve
dans la même activité, fans s'altérer (*a*).
La Terre d'où fort la flamme a un goût
d'huile. Apparemment cette efpece d'Huile, qui tranfpire, s'allume au grand air,
à peu près comme la Poudre ardente (*b*).

P. 161. l. 8. *Zenith*. Mais le 6. Mars
1715, à fept heures un quart du foir,
c'étoit fur l'Angleterre un Pavillon de
Rayons (*c*), étendu dans le Ciel de tous
côtés, à 40 degrés de l'Horifon vers le
Midi, à 10 ou 12, environ, vers le Nord.
Le Pavillon célefte dura deux minutes,
offrant aux yeux des Colonnes d'un Rouge
très vif ; des couleurs différentes, plus
éclatantes que celles du plus brillant Arc-
en-Ciel. Ce fut enfuite un tremouffe-
ment dans les Colonnes ; &, à entendre
l'Aftronome qui obferva le Phénomene,
vous euffiez dit que tout le Ciel étoit en
convulfion.

P. 169. l. 26. *éclairs*.

Je dis, *ordinairement*, parce qu'en 1718,
le 19 Mars, on vit dans toute l'Angleterre

(*a*) Mém. de Trev. Nov. 1731. p. 1937.
(*b*) Entretien XVIII. Tom. II. p. 322. 323.
(*c*) 31. Volume des Tranfactions Philofophiques de la Société Royale de Londres. Mémoires Literaires de la Grande
Bretagne. Tom. XII. p. 320.

re (*a*) un Météore singulier, qui surprit également par sa lumiere, par sa vîtesse, par son élevation, & par les éclats réitérés qu'il fit entendre. Il parut à Londres un peu après huit heures du soir; pendant quelques secondes, la nuit ne fut guere moins brillante que le jour. C'étoit dans le Phénomene une célérité prodigieuse. Apparemment l'inflammation ayant commencé par une extrêmité de l'exhalaison se sera répandue rapidement dans tout le nuage inflammable, comme il arrive dans ces especes d'Etoiles qui semblent tomber la nuit. On place le Météore si haut qu'il pouvoit être aperçu dans le même instant de 220 lieues à la ronde (*b*). Il falloit que l'exhalaison fut bien déliée & légere, vous eussiez cru néanmoins entendre dans le Ciel des décharges alternatives de Fusils & de Canons. Des vapeurs se feront refroidies & condensées dans des endroits de l'exhalaison épais & divers. Ces endroits divers plus ou moins étendus, plus ou moins denses, auront rétardé l'effort de l'inflammation, comme les nuages différens,

qui

(*a*) Mémoires Littéraires de la Grande Bretagne. Tom. I. p. 141.

(*b*) Memoires Littéraires de la Grande Bretagne. Tom. I. p. 142.

qui portent le Tonnerre, retardent l'impétuofité de la foudre prête à partir. L'inflammation retardée, réuniffant fes forces pour vaincre les obftacles, aura frapé violemment & fucceffivement le Fluide qui les environnoit. De-là cette Moufqueterie nouvelle, & ces bordées de Canons tirées en l'Air.

P. 171. l. 15. *jour.*

Eudoxe. Cette lumiere parut plufieurs fois en 1727, avec quelque éclat, favoir, le 17 Janvier, le 14 Mars, & le 19 Octobre (*a*) fi je ne me trompe, le même jour que parut en 1726 le Météore, qui occafionna la Lettre, que vous venez de lire. Quand la plûpart de ces Phénomenes ont brillé la Nuit, on avoit fenti le jour un air plus chaud, pour la faifon. Le Phénomene du 14. Mars, obfervé jufqu'à Bologne en Italie, fut remarquable par fa blancheur extraordinaire dans toute fon étendue. En 1729 (*b*), on en vit briller un, vers le Nord à diverfes reprifes, depuis 6 heures du foir, jufques à 5 heures du matin, affez femblable à celui de 1726, presqu'auffi furprenant. Il ne formoit point une Couronne,

(*a*) Mém. de l'Acad. 1727. p. 398.
(*b*) Hift. de l'Acad. 1729. p. 2. Mém. p. 321.

ronne, une efpece de Dôme autour du Zénith; mais il s'étendit jufqu'à l'Horifon, tantôt entre l'Orient & le Midi, tantôt entre le Midi & le Couchant. Un Arc lumineux parti du Nord-Eft de l'Horifon, & qui paffoit près du Zénith alloit fe terminer à l'Horifon entre le Sud & l'Oueft. Le Foyer ou le Réfervoir du Phénomene étoit au Septentrion. Cependant la partie méridionale fembloit lancer auffi des Jets de lumiere.

Ariste. L'Année 1730 eut auffi fes Phénomenes, ce femble.

Eudoxe. La Lumiere Septentrionale parut en divers endroits le 15 Fevrier, vers les fept heures du foir. ,, On ,, lifoit diftinctement à neuf heures & ,, trois quarts, à la lueur de cette lumiere, ,, dans un Livre, dont les caracteres ,, n'avoient pas deux lignes d'éten- ,, due (a),,.

Je vis encore à Paris le 9 Octobre 1730 à huit heures & demie du foir un petit Phénomene vers l'Orient d'Eté. C'étoit un petit nuage rare & tranfparent; on découvroit les Etoiles à travers. Il étoit tantôt clair, tantôt obfcur. Il brilloit & ceffoit de briller à différentes reprifes. La

Lu-

(a) Mém. de Trev. 1730, p. 905.

Lumiere en étoit blanche, éclatante, rougeâtre en quelques endroits. On ne voit point tant de vivacité, tant d'éclat dans la lumiere du Soleil réfléchie le foir par une nuée qui reçoit encore les rayons de l'Aftre qui vient de fe dérober à nos yeux. Le Nuage lumineux étoit moins épais à proportion qu'il s'enflammoit ou fembloit s'enflammer plus fouvent. A force de fe raréfier il ne fe montroit plus que par intervalles, & lorfqu'il paroiffoit s'enflammer. Il parut & difparut plufieurs fois, jufqu'à ce qu'enfin à neuf heures & un quart, environ, il fe perdit tout-à-fait dans un Ciel pur & tout brillant d'Etoiles.

Ariste. Je me rappelle l'Aurore que le Portugal vit le foir le 14 Novembre de la même année. Ce n'étoit d'abord qu'une Colonne. Une heure après, on vit la Colonne fe partager en quatre. La lumiere en fut très vive vers les onze heures du foir. Mais diminuant infenfiblement, elle difparut enfin à minuit (*a*).

Eudoxe. L'année derniere (*b*) eut auffi fon Aurore Boreale, qui parut la nuit du premier au fecond d'Avril. L'é-

levation

(*a*) Gazette de France, De Lisbonne 16. Nov, 1730. p. 604.
(*b*) 1731.

levation de la lumiere étoit d'environ 20 degrés, & les Etoiles de Cassiopée en mesuroient assez exactement la largeur (*a*). Ce Phénomene merveilleux ne devient-il pas trop ordinaire, pour intéresser encore long-tems le Public?

P. 172. l. 17. *Soleil.* Le Canada voit un Arc-en-Ciel dans le tems le plus serein; c'est néanmoins dans une espece de nuée. L'eau du Fleuve S. Laurent, brisée dans une cataracte, dans une cascade, dans une chûte de 150 pieds, au moins, de hauteur, fait jaillir & lance dans les airs une multitude prodigieuse de petites goutes qui font une Brume, un Nuage aperçû de cinq lieues, & où le Soleil peint toûjours un Arc-en-Ciel avec les plus belles couleurs (*b*).

P. 190. l. 19. *degrés.*

Enfin, la tissure de la surface des Planetes, ou la matiere qui les environne, réfléchit, ou rompt différemment les Rayons du Soleil. De-là, les différentes Planetes ont des couleurs différentes (*c*).

P. 191. l. 1. *Jupiter.* Une de Mars en 1676. *Ibid.*

(*a*) Mém. de Trev. 1731. p. 1283.
(*b*) 32. Volume des Transactions Philosophiques de la Société Royale de Londres. Mém. Littéraires de la Grande Bretagne. Tom. XIII p. 40.
(*c*) Entretien XXIII. Tom. II. p. 396.

Ibid. l. 3. *Janvier;* une autre le 27 Fevrier 1678 à 7 heures du Soir 20. minutes, 50 fec. (*a*).

Ibid. l. penult. *figure.*

3. La Lune eft inégale dans fa furface. Si la furface de la Lune étoit unie, l'on n'en verroit qu'une fort petite partie, & elle n'éclaireroit qu'une fort petite partie de la Terre; puifqu'elle réfléchiroit très peu de rayons vers le même endroit. Elle imiteroit les Miroirs convexes (*b*).

P. 201. l. 5. *vivacité.* Je voudrois bien que nos Télefcopes approchaffent la Lune un peu plus de nos yeux, ou qu'elle s'en approchât elle-même, pour nous faire voir diftinctement ce qui s'y paffe, & les changemens qui s'y font. Croyez-vous que la vîteffe de fa révolution periodique puiffe fervir à la retenir fi loin de nous dans ce vafte Fluide?

EUDOXE. Si une vîteffe de 50 lieues par jour retient l'eau fufpendue dans un vaiffeau renverfé que l'on fait tourner rapidement (*c*) en l'air, une vîteffe de 15 à 20 mille lieues en 24 heures doit fervir,

cc

(*a*) Journ. des Savans 1678. Mars p. 90.
(*b*) Entretien XXI. Tom. II. p. 359.
(*c*) Entretien VIII. Tom. I. p. 103.

ce femble, à retenir la Lune au-deffus de nos têtes.

P. 205. l. 17. *Soleil.* De-là, fe trouve-t'elle dans la partie orientale de fon cercle; elle ne fe couche le foir, qu'après le Soleil; elle nous éclaire, quand cet Aftre difparoît, comme pour nous adoucir fon abfence. Eft-elle dans la partie occidentale de fon cercle? Elle fe leve le matin avant le Soleil, comme pour nous annoncer fon retour.

P. 207. l. 20. *fecs.* Par la difpofition de leur furface inégale & raboteufe, ils renvoyent de tous côtés des rayons, qu'une furface unie & polie comme un miroir, ne dirigeroit que vers un endroit.

On a vû (*a*) fouvent Venus fans Lunette, lorfque le Soleil étoit fur l'Horifon. Je me fouviens d'avoir vû moi-même, en plein jour une efpece d'Etoile, c'étoit apparemment Venus. Il falloit qu'elle fût dans fa grande diftance du Soleil, & qu'elle offrît aux rayons de cet Aftre & à nos yeux, une partie d'elle-même bien propre à réfléchir beaucoup de rayons jufques à nos Sens; que le Ciel, depuis la Planete, jufques à nos yeux,

fût

_____

(*a*) Le P. Riccioli dit qu'il l'a vûe fouvent. Almagefti. L. 7. S. 7. c. 5. *In fcholio. iter ext.* Kitch. *Itiner.* 1. p. 137.

fût peu chargé de vapeurs. Et s'il eſt vrai, comme on le dit, (a) que dans l'eſpace de vingt-quatre heures, Venus ait paru ſuivre le Soleil le ſoir & le précéder le matin, l'éclat extraordinaire de cette Planete, & ſa Latitude ſeptentrionale d'environ neuf degrés cauſérent apparemment cette ſorte d'illuſion.

P. 211. l. 21. *Axe* (b),

P. 212. l. 6. *ſimple.*

Les Satellites de Jupiter tournent ſans ceſſe autour de Jupiter, de l'Occident à l'Orient, dans la partie ſupérieure de leur Cercle; de l'Orient à l'Occident, dans la partie inférieure Sont-ils dans leur plus grande diſtance occidentale par rapport à la Planete? vous les verriez ſe rapprocher ſenſiblement de la Planete même; monter, diminuer de grandeur juſques à la conjonction ſupérieure, ou juſques à ce qu'ils ſoient au deſſus de la Planete; ſe cacher derriere elle, diſparoître, reparoître, augmenter de grandeur, & deſcendre vers leur plus grande diſtance orientale; venir enfin juſques à la conjonction inférieure, paſſer entre la Planete & vos yeux,

(a) Ibid.

(b) Le P. Gottignies J ſoûtient que c'eſt lui qui a remarqué le premier le tournoyement de Jupiter ſur ſon Axe, Journ. des Sav. 1666 p 464. 466.

yeux, & regagner l'endroit où ils font. Je les ai vûs prefque fur la même ligne horizontale.

P. 222. l. 2. *Télefcope.* L'image du Soleil venant à fe tracer fur le corps blanc, les taches du Soleil y paroîtront comme de petits nuages fur le Difque de cet Aftre. Il ne faut même que des verres colorés. Sans verres colorés, on voit quelquefois des taches à travers un nuage rare. L'image du Soleil réfléchi par un miroir plan fur du papier blanc à quelque diftance, en offre à vos yeux. En cherchez-vous au travers d'un Télefcope? mettez du moins devant l'Oculaire un verre coloré, *par exemple*, de couleur verte, afin d'affoiblir l'action trop vive des rayons. Vers le Midi, quand le Soleil eft plus haut, & plus dégagé des vapeurs; les taches paroiffent mieux, elles font plus diftinctes.

P. 223. l. 5. *Flaterie.*

ARISTE. Du moins, ne feroit-ce pas ces taches qui nous déroberoient quelquefois une partie fenfible de la chaleur du Soleil, & qui rendroient certaines années froides, comme celles-ci, jufques à la Saint Jean?

EUDOXE. Les taches du Soleil, quelque nombreufes, quelque grandes qu'el-

les

les foient, ne font pas, ce femble, une ombre affez grande, affez épaiffe, eu égard à la furface immenfe du Soleil (a) pour diminuer fi fenfiblement la Chaleur. Auffi, les années 1718, 1719, & 1727, ont vû beaucoup de taches, prefque continuelles, & quelquefois plus grandes que la Terre. Néanmoins, ces années ont été des plus chaudes (b). J'aimerois mieux attribuer les années froides aux Vents, aux exhalaifons, aux nuages, qui ne laiffent point aux rayons du Soleil des paffages affez libres pour venir nous échauffer.

P. 231. l. 1. *viteffe* (c) ; deux cens cinquante, pour aller jufques à Saturne, réveiller les mornes & ftupides Habitans que l'on y place, fi loin du Soleil.

P. 231. l. 16. *prédiction*. Un Auteur beaucoup plus récent (d), affûre très férieufement qu'il a vû de fes propres yeux deux Pierres extrêmement dures, tombées du Ciel, l'une de foixante livres, l'autre de cent vingt; mais il ne les fait tomber

---

(a) On fait le Soleil un million de fois plus grand que la Terre.

(b) Mém. de l'Acad. 1727. p. 401.

(c) M. Huigens. *De rebus Cœleftibus conjectura.* Ouvrages des Sav. 1698. Mai p. 237. 240.

(d) Cardan. *Vidimus, &c.* l. 15. *De rerum varietate.* c.62. Tom. III.

tomber que de l'Atmofphére & des Nuécs;
& c'eft encore trop pour un Phyficien.

P. 233. l. 14. *Soleil (a).*

Ibid. l. 17. *énorme.*

M. Caffini (*b*) ne croit point exagérer,
quand il donne à l'Etoile, que l'on appelle *Sirius*, un Diametre d'environ trente trois millions de lieues, ou qu'il fait
de cette Etoile un Globe capable de toucher au même tems, par deux points oppofés de fa furface, la Terre & le Soleil.

P. 234. l. 13. *Lunette*, telle étoile,
qu'on croyoit fimple & unique, paroit
double, & laifle obferver entre les deux,
qui la compofent fenfiblement, un inter-
valle que la diftance ne permettoit point
à nos yeux de voir fans ce fecours. Les
taches blanches, (*c*) qu'on remarque autour du Pole Méridional, & la Voye·lac-
tée

(*a*) La Lumiere, qui à la fimple vûe, environne les E-
toiles, & femble en augmenter le diametre, n'eft, apparemment, qu'une Lumiere dilatée, & par conféquent affoiblie, par la réfraction. L'Oojectif enfumé du Télefcope, interceptant beaucoup des rayons de cette foible Lumiere, la rend infenfible; & l'Etoile n'eft plus qu'un point.
Auffi, lorfque la Lune éclipfe une Etoile, la Lumiere de
l'Etoile s'évanouït, non par degrés, mais tout d'un
coup.

(*b*) Mém. de l'Acad. 1707. Sur la Parallaxe annuelle
des Etoiles fixes.

(*c*) Luyts, *Aftronomica Inftit.* Rép. des Let. Tom. XI. p.
132.

M 4

tée, ne font-ce pas des milliers d'Etoiles, qu'on ne peut difcerner qu'avec le Télef-cope? On voit des Etoiles innombrables. Selon le P. Riccioli (*a*), deux millions d'Etoiles n'ont rien qui paffe la vrai-fem-blance.

P. 271. l. 8. *altération.*

EUDOXE. Je les vois bien : faire cha-que jour neuf mille lieues autour du cen-tre de la Terre, c'eft un jeu pour vous; mais il s'agit d'en faire chaque jour, plus de cinq cens mille autour du Soleil. Car enfin, le Diametre du cercle qu'on fait décrire à la Terre autour du Soleil en un an, c'eft-à-dire, en trois cens foixante-cinq jours, & quelques heures, eft de foi-xante-fix millions de lieues; puifque l'on place la Terre à trente-trois millions de lieues du Soleil : & le Diametre n'eft pas la troifieme partie de la circonférence, étant à la circonférence, qui eft le che-min annuel de la Terre, comme fept à vingt-deux, à peu près. Il faudra donc faire avec la Terre, environ, deux cens millions de lieues en trois cens foixante-cinq jours. Répandez ces deux cens mil-lions de lieues fur les trois cens foixante-cinq jours : il y en aura pour chaque jour,

plus

(*a*) Almag. l. 6, c. 6, num. 5.

plus de cinq cens mille. Et un voyage de plus de cinq cens mille lieues par jour, fans parler des neuf mille lieues autour du centre de la Terre, ne vous feroit pas peur ?

Ariste. Je compterois pour rien, & les neuf mille lieues, & les cinq cens mille liéues chaque jour. Ma tranquillité, mon repos n'en feroit nullement altéré : parce que le Fluide, qui m'environneroit toujours, faifant le même chemin, avec la même vitefle, ils ne fe feroit nulle altération dans les organes de mes Sens.

P. 271. l. 20. *tête.*

Eudoxe. Je me rappelle encore une autre difficulté qui s'offrit à mon efprit d'elle-même, il y a cinq à fix ans. Je la propofai dans une Affemblée, où elle fit quelque impreffion ; & elle mérite, je crois, quelque éclairciffement. La voici: les Planetes, du moins Venus, Mars, & Jupiter, ont un mouvement fur leur centre, un mouvement de Rotation, qui porte l'Hémifphere fupérieur de la Planete d'Occident en Orient, & l'Hémifphere inférieur d'Orient en Occident. Or, dans l'Hypothéfe de Copernic, l'Hémifphere intérieur de la Planete devroit, ce femble, aller au contraire d'Occident en Orient, & l'Hémifphere fupérieur, d'O-

M 5

rient

rient en Occident : car enfin, felon la Re-
gle de Képler, dont nous avons parlé, la
couche ou le courant de matiere étherée,
qui va d'Occident en Orient, fraper l'Hémifphere inférieur de la Planete, étant
plus proche du centre du Tourbillon, a
plus de vîtefle. Un excès de vîtefle dans
une mafle égale n'eft-il pas un excès de
force; & un excès de force ne doit-il
pas l'emporter? Si la force de la matiere
étherée, qui va d'Occident en Orient
fraper l'Hémifphere inférieur, l'emporte,
il doit obéir, fuivre la direction de la
force victorieufe, & aller, comme elle,
d'Occident en Orient; & l'Hémifphere
inférieur ne peut aller d'Occident en O-
rient, que l'Hémifphere fupérieur, n'aille d'Orient en Occident.

ARISTE. Un grand Géométre & un
habile Phyficien vient de donner, fur ce
mouvement de Rotation dans l'Hypothéfe de Copernic, une conjecture, qui
me paroît fort belle. Selon fa penfée les
corps pefent d'autant moins, qu'ils font
plus éloignés du centre de péfanteur.
L'Hémifphere fupérieur péfant moins,
dans ce principe, que l'Hémifphere inférieur, doit ceder plus aifément à l'effort
du

____

(a) Mem. de l'Acad. 1729. p. 41, &c. Hift. p. 54.

du fluide qui va de l'Occident à l'Orient.
L'Hémisphere supérieur ne peut ceder
plus aisément, qu'il ne descende allant de
l'Occident à l'Orient. Il ne peut descendre de la sorte, que l'Hémisphere inférieur ne monte. A proportion que l'Hémisphere inférieur monte, & qu'il devient
l'Hémisphere supérieur, il est plus léger.
Plus léger il redescend, tandis que l'autre
remonte, par le même principe, & avec
la même direction : de-là, cette alternative
continuelle, ou le mouvement de Rotation, qui porte la partie supérieure de la
Planete vers l'Orient, & la partie inférieure vers l'Occident.

Voulez-vous, Eudoxe, une autre conjecture, qui vient se présenter à mon esprit? Selon cette conjecture, le fluide
qui frape l'Hémisphere inférieur de la
Planete, a plus de vîtesse, il est vrai ;
mais le fluide qui frape l'Hémisphere supérieur est composé de parties plus solides & plus denses ; aussi a-t'il plus de force centrifuge, puisqu'il est plus éloigné
du centre du Tourbillon. Ces parties
plus denses & plus solides ont des forces
moins partagées, plus réunies, & qui
conspirent davantage au même effet, comme nous l'avons observé (a). Cette réu-

M 6

nion

(a) Page 293.

nion de forces dans une maſſe égale fait dans le Fluide ſupérieur, un excès de force, qui l'emporte ſur l'excès de vîteſ-ſe, qui ſe trouve dans le fluide inférieur & plus délié, & cet excès de force donne ſa direction à l'Hémiſphere ſupérieur de la Planete. De-là, le mouvement de Rotation de l'Occident à l'Orient dans la partie ſupérieure ; de l'Orient à l'Occident, au contraire, dans la partie inférieure. Ne pourroit-on pas réunir les deux conjectures, pour en faire une plus forte ?

P. 274. l. 13. *Planetes* (*a*).
P. 281. l. 10. *ordinairement* (*b*).
P. 296. l. 22. *Globe* (*c*),
P. 305. l. 14. *degrés*. Les Jeſuites Miſſion-

(*a*) Les Rayons du Soleil peuvent contribuer à tenir les Planetes ſuſpendues, & à les faire tourner ſur leur centre, à peu près, comme une file d'eau, qui jaillit de la Fontaine du Heron, ſoûtient & fait tourner une Boule de liege, ou bien une Boule creuſe de Cire, ou de Cuivre (*).

(*) Entretien XXIII. Tom. I p. 357. 358.

(*b*) On dit qu'une Eclipſe arrivée le 2. Juillet 1666. ſe fît toute entiere dans la partie Orientale du Soleil; la Lune, dont le Cercle fait, avec l'Ecliptique, un Angle d'environ 5 degres, étant venue la couper ſur la partie orientale de cet Aſtre. Journ. des Sav. 1666. Juillet p. 332.

(*c*) Selon l'Obſervation du P. Grimaldi, les Rayons reçûs dans une Chambre fermée, par un trou, ſur un corps opaque, plus petit que le trou, ſe diviſent : les uns s'écartent vers les bords du Cone lumineux, les autres ſe raprochent derriere le Corps opaque, dans l'ombre qu'il jette. *Phyſico Matheſis de Lumine*. Journ. des Sav. 1666. Août p. 497. 498.

Miſſionnaires dans les Indes Orientales nous ont rapproché la Chine de 500 lieues par leurs Obſervations (*a*).

Ariste. Il n'eſt pas aiſé, ce ſemble, de diſcerner les momens précis de l'Immerſion & de l'Emerſion d'un Satellite, vûe de pluſieurs endroits.

Eudoxe. Vous en voyez la raiſon apparemment.

La différence de Lunettes avance ou retarde ces momens plus ou moins. Avec une plus longue Lunette, on voit l'Immerſion plus tard, & l'Emerſion plutôt, parce que l'apparence de la Planete eſt plus grande.

P. 305. l. 16. *rarement* (*b*).

P. 324. l. 10. *Savant* (*c*).

P. 333. l. 15. *parties*. Les parties des Corps durs ſont adhérentes; parce qu'elles s'attirent mutuellement par une Force, qui, dans le contact immédiat, eſt extrêmement puiſſante.

P. 339.

(*a*) Mém. du P. le Comte, Tom. I. Let. à M. de Pontchartrain. p. 35. Hiſt. Acad. l. 3. S. 8. c. 1.

(*b*) On a vû ſix Cometes depuis le commencement de ce Siecle juſqu'en 1729. Hiſt. de l'Acad. 1729. p. 69.

(*c*) Ce Savant mourut riche d'environ ſept cens mille livres de notre Monnoye en biens meubles. On lui fit la Pompe funébre, que l'on fait aux Seigneurs du plus haut rang. Le Poile y fut ſoûtenu par ſix Pairs d'Angleterre. Eloge de M. Newton. Hiſt. de l'Acad. 1730. p. 169, 172.

M 7

P. 339. l. antepen. *une.* Des particules aqueufes forties des deux goutes d'Eau , qu'on voit diminuer infenfiblement, & voltigeant les unes vers les autres, ne doivent-elles pas chaffer de l'Air d'entre deux, affoiblir les forces de l'Air du milieu, & rendre victorieufes par-là les forces de l'air extérieur? Les mêmes principes produiront cette efpece de Sympathie qu'on obferve entre deux goutes de Vinaigre, entre deux Globules de Mercure, entre le Mercure & l'Or, &c.

P. 345. l. 7. *rond.* La Prunelle de notre Oeil eft ronde, comme celles des animaux qui font en proye à d'autres Animaux.

Ibid. l. 9. *éloignés* les uns des autres ; ce qui nous met en état de voir également de tous côtés. Les

P. 356. l. 7. *Saifons*, dont l'alternative vaut bien mieux pour le bonheur des Hommes, qu'un Equinoxe ou qu'un Solftice perpétuel, qui, par un excès de froid ou de chaud, feroit languir les Plantes & les Hommes, en diverfes Contrées, & loin de varier nos plaifirs, nous rendroit prefque tous malheureux.

P. 356.

P. 356. l. 16. 17. *nous-mêmes.* Les Montagnes, les Collines, les Vallons, pour donner de la pente aux Eaux, qui portent la fraîcheur & la fécondité.

FIN du SUPPLEMENT,
ou IV. & dernier Tome.

TABLE

TABLE
GÉNÉRALE
DES PRINCIPALES
MATIERES,

Contenues dans les IV. Volumes des

ENTRETIENS PHYSIQUES.

Les lettres a, b, c, d, désignent les Tomes prémier, second, troisieme & quatrieme; & les Chiffres indiquent les Pages.

A.

Diffé-

Quel-

B.

Pour-

Pour-

C.

Canal

Effets

La

CŒUR.

D'où

Ani-

CRYS-

D.

Directions,

E.

                                  D'où

F.

Ce

Pour-

Inter-

Tome IV. O *Plus*

O 2 Quelle

Pour-

H.

J. I.

Décou-

LIGNE

tre

M.

Ses

      MEM-

Idée

N. NA-

N.

O. OR-

O.

Voyage

Pa-

PER-

Tome IV.   P   Phos-

bran-

Ses

Q.

R.

RAI-

Effets

Respi-

ou

Quand

Les

T.

Qu'ùn

TU-

V. U.

Diver-

FIN DE LA TABLE.